FAO中文出版计划项目丛书

指 导 委 员 会

目录

寄语

> 每年，干旱、风暴、地震、山体滑坡和热浪等灾害夺走了数百万人的生命。贫困人口、妇女和女童等弱势群体受灾害影响最为严重。让我们采取更多行动，减轻灾害风险，为所有人打造一个更安全和更可持续的世界。

联合国秘书长安东尼奥·古特雷斯（Antonio Guterres）
于 2017 年 10 月 13 日 "国际减灾日" 的致辞

自然灾害可能是突发性的，比如海啸和地震，也可能是渐发性的，比如干旱。但是，无论哪种自然灾害都会对住宅、学校、医院、食品存储设施、办公大楼等造成大规模破坏，也会给经济、社会、农业和环境带来巨大破坏和损失。

气候变化是导致洪水、风暴和干旱等灾害发生的主要原因，未来这些灾害将会更加频繁，也会更加严重。生态系统退化、城镇化进程加快、制度约束能力有限以及贫困等因素都会加大上述灾害发生的风险。上述问题的解决有助于降低洪水、风暴和干旱带来的不利影响。

我们可以采取多种方式减少自然灾害造成的破坏和损失，我们每一个人、每一个家庭和每一个社区都有能力改变现状，包括你在内！这正是《减轻灾害风险挑战徽章训练手册》这本书重点关注的内容。

你可能会想，发生强烈的地震和海啸时，身为个体的我们能做什么？事实上，我们每个人都可以采取很多行动来更好地做准备。世界上众多参与者和组织正努力采取行动减轻灾害风险，帮助人们提前做好准备应对灾害。在本手册中，你将了解什么是"致灾因子"（hazards）和"灾害"（disasters），了解灾害如何造成广泛的破坏，以及如何在未来几年严重影响一个国家的发展。你也会了解如何预防、减轻和应对自然灾害及其带来的影响，如何进行灾后重建以及如何采取行动减轻灾害风险。

打开这本手册，尽情去探索、去玩耍、去发现吧。希望本手册能帮助你更好地了解灾害风险及其应对方式，鼓励你采取行动，成为所在社区和国际社会变革的积极推动者。

做好预防、保持清醒、时刻准备、采取行动！！！

多米尼克·布尔根（Dominique Burgeon）
联合国粮农组织应急行动及抵御能力
办公室主任、战略规划负责人

©粮农组织/Bruno Maes

青年与联合国全球联盟（YUNGA）的相关活动得到了以下各位大使的支持：

卡尔·刘易斯
(Carl Lewis)

安 谷
(Anggun)

黛比·诺娃
(Debi Nova)

露芳妮
(Fanny Lu)

莉亚·莎朗嘉
(Lea Salonga)

诺亚（阿奇诺阿姆·妮妮）
[Noa (Achinoam Nini)]

纳迪亚（Nadeah）

瓦伦蒂娜·韦扎利
(Valentina Vezzali)

佩肯斯
(Percance)

青年与联合国全球联盟

大使

安全注意事项！

亲爱的领队/老师：

挑战徽章训练手册专为辅助教学活动而设计。由于各地组织活动课的条件和环境各不相同，最终还是要由你来选定适合且安全的活动。

探索美妙的户外是了解自然界的绝佳方式。然而，为了确保无人受伤，采取一些预防措施非常必要。策划活动课时要细心谨慎，确保有足够的成年人协助开展活动，以保障参与者的安全，尤其是靠近水和火源时。

常见的注意事项有：

照顾自己

* 熟记所在国家的紧急电话号码。
* 保存紧急电话号码簿。
* 准备一个应急包或防水背包，用以储存水、防腐食品、手电筒、急救包、衣服、基本药物、贵重物品等物资。
* 将重要文件和个人文件放置在安全的地方，便于随时取用。
* 制订家庭应急/疏散计划。
* 制定家庭逃生路线（以防火灾、地震等情况），并提前约定失散后的集合地点。

关注自然

* 尊重自然，熟悉周围环境，以便觉察任何细微变化。例如，由于水位下降导致河流取水回家时间延长，这表明发生了干旱。
* 离开营地或宿营之前，确保营地的篝火已完全熄火，降低发生野火的风险。
* 了解海啸的发生前兆：地震造成地表的强烈震动；海水可能退离海岸，露出海底，海洋发出类似火车或飞机的轰鸣声。
* 注意雪崩的高风险警示信号：雪面开裂、积雪呼啸、过去24小时出现强降雪、大风天气、近期气温上升。

可持续

发展目标

2015年，"可持续发展目标"接棒"千年发展目标"，政府、民间社会组织、联合国机构等实体将在2030年前实现各具体目标，为所有人创造更可持续的未来。

青年与联合国全球联盟制定倡议、开展活动、开发资源（例如联合国挑战徽章训练手册），鼓励青少年做积极公民，推动实现可持续发展目标。新的挑战徽章训练手册正在编写中，将进一步支持实现可持续发展目标。

thegoals.org 是一个连接世界各地青年团体的在线平台，面向所有有意愿了解可持续发展目标并为此付诸行动的青年，以有趣、互动的方式探索如何实现可持续发展目标。该网站可在任何联网设备上进行登录操作。

登录网址 **http://wagggs.thegoals.org**。

17个可持续发展目标：

1 无贫穷
在全世界消除一切形式的贫困。

2 零饥饿
消除饥饿，实现粮食安全，改善营养状况和促进可持续农业。

3 良好健康与福祉
确保健康的生活方式，促进各年龄段人群的福祉。

4 优质教育
确保包容和公平的优质教育，让全民终身享有学习机会。

5 性别平等
实现性别平等，增强所有妇女和女童的权能。

6 清洁饮水和卫生设施
为所有人提供水和环境卫生并对其进行可持续管理。

7 经济适用的清洁能源
确保人人获得负担得起的、可靠和可持续的现代能源。

8 体面工作和经济增长
促进持久、包容和可持续的经济增长，促进充分的生产性就业和人人获得体面工作。

9 产业、创新和基础设施
建造具备抵御灾害能力的基础设施，促进具有包容性的可持续工业化，推动创新。

10 减少不平等
减少国家内部和国家之间的不平等。

11 可持续城市和社区
建设包容、安全、有抵御灾害能力和可持续的城市和人类社区。

12 负责任消费和生产
采用可持续的消费和生产模式。

13 气候行动
采取紧急行动应对气候变化及其影响。

14 水下生物
保护和可持续利用海洋和海洋资源以促进可持续发展。

15 陆地生物
保护、恢复和促进可持续利用陆地生态系统，可持续管理森林，防治荒漠化，制止和扭转土地退化，遏制生物多样性的丧失。

16 和平、正义及强大机构
创建和平、包容的社会以促进可持续发展，让所有人都能诉诸司法，在各级建立有效、负责和包容的机构。

17 促进目标实现的伙伴关系
加强执行手段，重振可持续发展全球伙伴关系。

减轻灾害风险（DRR）与每一个可持续发展目标（SDG）密切相关

无贫穷（目标1）以及减少不平等（目标10）与"减轻灾害风险"息息相关，因为贫困人口生活的地区更易遭受自然灾害，且获取资源用于减轻灾害、应对灾害及灾后重建的机会也更少。

贫困

1996—2015年期间，因灾害而丧生的低收入或中低收入群体占比高达90%。

农业和粮食安全

2012年，飓风"桑迪"席卷牙买加，对当地造成了灾难性的影响。据估计，全岛受灾农民达11 000名，约1 500公顷的庄稼被完全毁坏。香蕉、咖啡和甘蔗等对当地粮食安全和生计很重要，而这些高价值作物受损最为严重。

优质教育（目标4）非常重要，因为培养预警意识和掌握防灾减灾知识可以帮助人们有能力应对灾害并找到抵御灾害的解决方案。此外，灾害往往会破坏或摧毁学校，严重影响教育教学。

性别平等（目标5）也与减轻灾害风险密切相关，因为妇女和女童在受灾人数中占比会更大。

性别

妇女和女童在自然灾害中伤亡的概率是其他人群的14倍。在孟加拉国的季风季节，洪水对妇女和女童的影响尤为严重，因为她们大多不会游泳或因文化习俗的束缚而无法离开自己的家园。

清洁饮水和卫生设施（目标6）以及经济适用的清洁能源（目标7）同样与"减轻灾害风险"密切相关。自然灾害会阻碍水源和能源的供应，并破坏卫生基础设施。

饮用水以及卫生设施

2005年，巴基斯坦发生了7.9级地震，供水和卫生基础设施被摧毁，170万人需要提供应急物资。

此外，大量使用非清洁能源会加剧气候变化，反过来又增加了灾害发生的风险。**产业、创新和基础设施**（目标9）也与"减轻灾害风险"有着显而易见的联系，因为技术和基础设施的改进可以帮助我们更好地应对自然灾害。**建设可持续城市和社区**（目标11）以及**气候行动**（目标13）对于"减轻灾害风险"同样至关重要，这些可持续发展目标会在下文中详述。**保护陆地生物**（目标15）也对"减轻灾害风险"产生巨大影响，例如过度伐木会导致水土流失和洪水泛滥。**促进目标实现的伙伴关系**（目标17）也是"减轻灾害风险"有效途径，例如向发展中国家提供资金和技术援助。

伙伴关系

此前受飓风"伊西多尔"的影响，墨西哥当地渔民的生计受到极大威胁，随后，当地渔民投资进行风险管理。三年后，当另一场飓风"威尔玛"来袭之时，平均每位渔民的损失减少了35 000美元。

➕→ 获取更多可持续发展目标（SDG）与减轻灾害风险（DRR）的相关信息，请访问：
www.unisdr.org/we/inform/publications/50438。

让我们学习更多

联合国可持续发展目标11和13
包含减轻灾害风险的特定因素

目标11
可持续城市和社区

目标11是什么？

建设包容、安全、有抵御灾害能力和可持续的城市。

为什么？

当今世界的一半人口35亿人居住在城市，而且，这一数字还会继续增长。所以，诸如贫困、气候变化、医疗和教育等重大问题必须立足城市生活寻找解决方案。人口高度密集意味着自然

> 到2030年，全球约60%的人口会居住在城市。

灾害会给城市带来潜在的巨大影响，对人身安全、财产造成损失，也会破坏基础设施。加强城市抵御灾害的能力建设，对避免人口伤亡、社会及经济损失至关重要。

目标11的部分具体目标

* 到2030年，大幅减少各种灾害造成的死亡人数和受灾人数。大幅减少灾害造成的经济损失，重点保护穷人和处境脆弱群体。

* 到2020年，大幅增加采取和实施综合政策和计划以构建包容、资源使用效率高、减缓和适应气候变化、具有抵御灾害能力的城市和人类住区数量，并根据《2015—2030年仙台减轻灾害风险框架》在各级建立和实施全面的灾害风险管理。

* 通过财政和技术援助等方式，支持最不发达国家就地取材，建造可持续的、有抵御灾害能力的建筑。

目标13
气候行动

目标13是什么
采取紧急行动应对气候变化及其影响。

为什么
人类活动引发气候变化，威胁着我们的生活方式和地球的未来。恶劣天气和海平面上升很可能增加灾害发生频次，并扩大其范围。所以，通过解决气候变化问题，我们可以为所有人创造一个更安全、更可持续的世界。

目标13的部分具体目标
✱ 加强各国的御灾力和适应气候相关的致灾因子及自然灾害的能力。

✱ 加强气候变化减缓、适应、减轻影响和早期预警等方面的教育和宣传，加强人员和机构在此方面的能力。

✱ 帮助最不发达国家和小岛屿发展中国家制定有效应对气候变化的计划，包括重点关注妇女、青年和边缘人群。

可持续发展目标
何不尝试与小组成员一起探索在社区层面可以助力实现哪些具体目标呢？获取更多联合国可持续发展目标信息，请访问：

www.fao.org/yunga/global-citizens/sdgs/en

http://sustainabledevelopment.un.org/topics

智能手机用户还可下载SDGs in Action这一应用程序，创建和记录你的行动轨迹（https://sdgsinaction.com）。

挑战

徽章训练手册系列丛书

联合国挑战徽章训练手册由青年与联合国全球联盟与联合国相关机构、民间团体及其他组织合作编写出版,旨在针对青少年开展宣传教育工作、提升兴趣,鼓励青少年主动做出改变、积极改善所在社区现状。挑战徽章训练手册系列丛书适合在校教师和青年领队使用,而且童子军尤其适用。

已出版的训练手册请见http://www.fao.org/yunga/home/zh/。如需了解青年与联合国全球联盟的最新资讯,请联系yunga@fao.org订阅免费的青年与联合国全球联盟新闻报。

青年与联合国全球联盟已经完成和正在编写的徽章训练手册涉及以下主题：

农业：如何以可持续的方式种粮？

生物多样性：让我们一起努力，让世界上丰富多彩的动物和植物不再消失！

气候变化：加入抗击气候变化的行动，创造一个粮食安全的未来！

能源：世界既需要良好的环境，也需要电和热，如何做到两者兼得？

森林：森林是数以百万计动植物物种的家园，能够调节气候，提供必要资源。如何保障未来森林的可持续性？

性别：如何为女童和男童、女性和男性创造一个平等和公正的世界？

治理：发现决策过程如何影响你的权利，如何影响全世界平等。

结束饥饿：拥有充足的食物是一项基本人权。如何为每天都食不果腹的10亿人口提供帮助？

营养：什么是健康膳食？如何做出对环境友好的食物选择？

海洋：神秘而又神奇的海洋能调节温度和提供资源，而且海洋的作用还远不止于此。

土壤：土壤不好，作物不长。如何照料好脚下的土地？

水资源：水是生命之源。如何保护这无比珍贵的资源？

主动

做出改变

我们开展青少年工作，因为我们想支持青少年创造充实的生活，帮助青少年为将来做好准备，为其树立"我能为世界带来改变"的信念。实现这些目标的最佳途径就是鼓励青少年主动做出长久的改变。不健康或不可持续的行为导致当前诸多社会问题和环境问题。大多数人需要改变行为方式，不仅仅是在某个项目（比如该挑战徽章训练项目）期间做出改变，而是要养成习惯、一以贯之。青少年对相关问题的认识已经日益深入，但很多人仍未改变以前那些会带来负面影响的做法。显然，单靠加强意识并不足以保证行为改变。

那么，你应该怎么做呢？

实践证明，用对方法能够改变行为。为了让本手册的影响力长期发挥作用，应做到以下几点：

重点关注具体的、有可能改变的行为。

优先针对清晰、具体的行为做出改变（例如：安排家庭和校园紧急演练及相应计划）。

鼓励主动谋划与决策。

调动青少年的主动性：自主选择活动课并制订活动方案。

大胆质疑现状，破除困难因素。

鼓励参与者审视当前自身行为，并思考改变行为的方法。对于做不到的事情，每个人都会找借口：没时间，没金钱，不知道怎么做，等等。引导青少年将各种理由罗列出来，然后一起找到解决方法。

锻炼行动能力。

想多乘坐公共交通吗？那就做一次出行试验吧！拿到公交车时刻表并学会识读时刻表信息，用地图规划路线，步行至公交车站，了解票价。想吃得更健康吗？试着按照不同食谱烹饪各类健康食材，了解自己的喜好，学会看食品标签，准备一个餐食计划本，看看商店或本地市场在出售哪些健康食材，选择自己喜欢的本地食材和应季食材，减少浪费。坚持下去，直到养成习惯。

多去户外走走。

只有足够关心，才有爱护之心。无论是附近的公园，还是无人踏足的原野，只要走进大自然，我们就会与之建立起情感纽带。事实证明，这些都能鼓励环保行为。

推动家庭和社区的参与。

当可以改变整个家庭甚至整个社区的行为时，何必仅局限于改变个人行为呢？让更多人了解相关信息，鼓励青少年说服亲朋好友参与进来，向他们介绍你们为社区做了哪些事情。你也可以参与政治，游说地方或国家政府加入进来，以扩大影响力。

公开承诺。

如果在旁人见证下或通过签署书面声明同意做一件事情，最后真正做成这件事情的可能性更高。所以，何不试一试这个办法呢？

监督行为改变并予以奖励。

做出行为改变绝非易事！要定期回顾任务情况，监督进展，并对取得的进步及时予以适当奖励。

以身作则。

你是身边青少年的榜样。他们尊重你，关注你的想法，想得到你的认可。只有以身作则，率先垂范，青少年才会由衷地支持你的主张。

与学员开展

徽章训练的建议

与学员共同开展挑战徽章训练的过程中，除了上述鼓励行为改变的建议外，还可参考以下建议。

1

鼓励团队了解减轻灾害风险的相关知识，及其对实现可持续发展目标的重要性。你会发现背景知识对活动的开展很重要。首先要提高参与者的意识，认识到"致灾因子"和"危害"之间的区别。让学员能认识到自然灾害不是"天意"（或"自然灾害不是无法避免的自然现象"）；灾害之所以发生，是因为贫困、环境退化等因素使我们更易受各类致灾因子的影响。其次，向大家解释灾害如何造成伤亡和破坏，如何加剧贫困、造成粮食及水资源短缺，如何危害身心健康、破坏基础设施和影响幸福安宁。然后，小组讨论为什么减轻灾害风险挑战徽章活动能有利于抵御灾害，以及个人选择和行为是如何产生积极影响的。

2

必修活动课旨在夯实对"减轻灾害风险"相关基本概念和问题的理解，除此之外，参与者还可根据其学习需求、兴趣爱好和文化背景选修其他活动，且应最大程度保障自主选课。有的活动课可由个人独立完成，有的则需分组开展。与学员或所在区域匹配度较高的其他活动亦可设为选修活动课。

为活动课预留充足的时间。活动过程中可以提供支持和指导，但尽量让大家独立完成。活动课的组织方式有很多，鼓励参与者在活动中主动思考、勇于创新。

让参与者向小组其他成员展示各自挑战徽章训练活动课的成果。注意到他们的态度和行为是否发生变化。鼓励参与者思考其日常活动是如何推动减轻灾害风险，总结经验，并反思如何在实际生活中继续加强运用。

5

组织结业仪式，表彰成功完成徽章训练课程的参与者。邀请家人、朋友、老师、记者以及社区领导参加。鼓励大家在成果展示中发挥创意，并颁发证书和挑战徽章。

---

6 **与青年与联合国全球联盟分享实践成果**

请把你的故事、照片、手绘图、意见和建议发送给我们吧。我们很乐意得知大家如何开展挑战徽章系列活动，期待为大家提供更优质的资源。

联系我们：yunga@fao. org。

徽章

训练的结构和课程

《减轻灾害风险挑战徽章训练手册》旨在教导儿童和年轻人，帮助他们认识到减轻灾害风险对地球生命的重要性。

本手册包含减轻灾害风险的**基本背景知识**，阐释了什么是致灾因子、什么使致灾因子演变为灾害、什么导致人们陷于危险，以及哪些群体更容易受到伤害。本手册提供了关于预防、减轻和应对具体灾害的信息，阐释了灾后重建工作，最后就个人如何开展活动提出了具体建议。

诚然，本手册中的部分内容更适合特定年龄的受众群体，领队应该选择最适合本组成员的主题和详细计划。例如，对于年轻组员，你可能会跳过复杂的课题；但你可能与年长组员就徽章训练以外的课题进行深入研究。

手册的第二部分为挑战徽章训练课程，包含启发学习、激励青少年参与减轻灾害风险（DRR）的一系列活动和点子。

其他资源、实用网站、关键术语及词汇详见手册结尾部分（文中的关键术语会像这样标注）。

徽章学习目标和行为改变目标

通过学习《减轻灾害风险挑战徽章训练手册》，你可以：

* **了解**不同类型的自然致灾因子和灾害，以及过去发生的自然灾害；
* **学习**什么是减轻灾害风险，以及减轻灾害风险的可行性措施；
* **发现**可以开展何种类型的灾后恢复和重建工作；
* 采取行动，帮助自己、家人和社区在灾前、灾中和灾后做好充分的准备。

徽章训练的结构和课程

本手册旨在帮助班级或小组制定一个关于减轻灾害风险的教育课程。当然，教师和青年领队应有自己的判断，能为本组成员量身打造合适的课程，其中也包括能满足所有教学要求但未列入本手册的选修活动。切记本手册的主要目的是教育、激发学员的兴趣，并鼓励学员积极采取行动、改变自身行为。

徽章训练结构

背景知识和相关训练活动分为四章：

第一章　致灾因子和灾害：介绍什么是致灾因子和灾害

第二章　减轻风险：如何预防和减轻致灾因子的影响并防患于未然

第三章　灾后恢复：灾后的重建工作

第四章　采取行动：我们每个人如何帮助减轻灾害风险

要求：参与者须在各章起始部分列出的两项必修活动中选做任意一项，并至少完成一项选修活动（个人自选或小组共同决定），即可获得徽章。本书未提及但经老师或领队同意的选修活动亦可选择。

第一章　致灾因子和灾害

一项必修活动 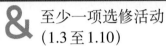 至少一项选修活动
（1.1 或 1.2）　　　　　　（1.3 至 1.10）

第二章　减轻风险

一项必修活动 ＆ 至少一项选修活动
（2.1 或 2.2）　　　　　　（2.3 至 2.10）

第三章　灾后恢复

一项必修活动 ＆ 至少一项选修活动
（3.1 或 3.2）　　　　　　（3.3 至 3.10）

第四章　采取行动

一项必修活动 ＆ 至少一项选修活动
（4.1 或 4.2）　　　　　　（4.3 至 4.10）

减轻灾害风险挑战徽章训练
完成!

各年龄段适用的活动课

为了方便你和学员选出最合适的活动课，本手册采用编号系统对适用不同年龄段的活动课做了标记。例如，标有"1级和2级"的活动课适合年龄在5 ～ 10岁和11 ～ 15岁的参与者。但是，请注意此标记仅作参考。视具体情况，或许标为1级的课程同样适用于其他年龄段的学员。作为教师和青年领队的你应根据经验做出判断，制定适合学员的课程。本手册未提及但符合教学要求的活动亦可作为选修活动。

 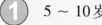

级别

1　5 ～ 10岁

2　11 ～ 15岁

3　16 ～ 20岁

温馨提示

除了知识学习和技能培养之外，本手册的徽章训练活动还应**寓教于乐**，要鼓励参与者享受赢得徽章的过程，学习**减轻灾害风险**知识和其重要性的同时更要注重课程的趣味性。本挑战徽章的最终目标是激发对**减轻灾害风险**的兴趣，鼓励每位参与者在主动改变自身行为的同时推动地方和国际层面的行动。

徽章训练
课程样本

以下是适合各年龄段学员的课程模板,我们以此为例介绍徽章的获取方法,帮助你制订教学计划。

级别

① 5 ～ 10 岁

② 11 ～ 15 岁

③ 16 ～ 20 岁

每项活动都有具体的学习目标,除此之外,孩子们还将有机会锻炼以下技能:

★ 团队合作

★ 想象力和创造力

★ 观察能力

★ 培养对科学、地球和物理的兴趣

★ 文化和环境意识

★ 算术和读写能力

章　节	活　动	学习目标
一 致灾因子和灾害	1.1　了解致灾因子	进行团队协作，培养对地球的兴趣
	1.5　制作火山模型	通过创造性思维激励形成科学思维能力
二 减轻风险	2.2　加强房屋建设质量	培养创造力和想象力
	2.7　预防地震	激发好奇心，鼓励提出问题
三 灾后恢复	3.2　珍惜生态系统	提高保护自然环境的意识和能力
	3.4　众志成城	帮助大家树立信心，大胆说出自己的见解
四 采取行动	4.1　设立社区宣传日	激励家庭、朋友和其他人员积极参与减轻灾害风险的活动
	4.2　检查住宅	培养观察技能

1 5 ～ 10 岁

级别

2 11 ～ 15 岁

3 16 ～ 20 岁

与1级类似，2级课程也有各自的具体学习目标，但同时也培养以下技能：

★ 团队合作和独立学习能力

★ 想象力和创造力

★ 观察能力

★ 文化和环境意识

★ 研究能力

★ 陈述和演讲技能

★ 提出论点和辩论能力

章　节	活　动	学习目标
一 致灾因子和灾害	1.2　居住地附近的致灾因子和灾害	培养研究能力
	1.7　流离失所	激发观察力，培养同理心
二 减轻风险	2.1　户外勘察	亲近大自然
	2.6　问答比赛	鼓励团队协作，积累相关知识
三 灾后恢复	3.1　专家访谈	培养求知欲和反思能力
	3.6　女性视角	提高性别敏感度和性别意识
四 采取行动	4.2　检查住宅	培养观察技能
	4.6　社区联络	分享有关防灾、减灾和备灾的信息

级别

1 5 ～ 10 岁

2 11 ～ 15 岁

3 16 ～ 20 岁

3级课程将培养以下能力：

★ 团队合作和独立学习能力

★ 想象力和创造力

★ 观察能力

★ 文化和环境意识

★ 技术能力和研究复杂问题的能力

★ 陈述和演讲能力

★ 持论和辩论能力

章 节	活 动	学习目标
一 致灾因子和灾害	1.2 居住地附近的致灾因子和灾害	培养研究能力
	1.8 刻不容缓	培养科学性思维能力
二 减轻风险	2.2 加强房屋建设质量	鼓励创新，突破思维定势
	2.9 做出适应气候变化的改变	提高观察力，深入理解气候变化的影响
三 灾后恢复	3.1 专家访谈	培养求知欲和反思能力
	3.7 挖掘灾害信息	置于具体背景下，研究复杂问题
四 采取行动	4.1 设立社区宣传日	激励家庭、朋友和其他人员积极参与减轻灾害风险的活动
	4.8 游说与准备	培养研究、分析能力和演讲技巧

背景知识

接下来是减轻灾害风险（DRR）领域关键问题的概述，教师及青年领队在备课和准备活动课时无需另外搜集材料。当然，一节活动课只涉及部分主题，不要求所有年龄段的学员都能掌握以下全部内容，领队和教师应自行挑选最适合学员的主题和内容。

同样，你会发现年龄稍长的学员还会需要额外的知识信息和学习资源，你可能还会允许年长学员自主阅读背景知识，因此本手册中较长章节被排版制作成"知识单页"，便于影印学习。

第一章

致灾因子和灾害

火山爆发，岩浆流动，
烟尘滚滚。

大地震动，建筑崩塌，
桥梁瓦解。

海浪席卷村庄，
摧毁万物。

© Pixabay

这些并非动作片中的景象。

这些都是现实存在的火山、**地震**和**海啸**等自然致灾因子所引发的真实灾难画面。这本挑战徽章训练手册正是指导你采取行动、有所作为的指南。此时你也许会好奇：我究竟该做什么才能防范地震或火灾？难道要穿上斗篷变成超人或神奇女侠吗？

当然不会如此夸张了，但你也许会惊讶于自己可以做很多事来减轻致灾因子引发的上述灾难。在这本手册中，我们会探索能做的事都有什么，了解更多关于致灾因子的信息，研究致灾因子与**灾害的区别**，最重要的一点：如何防灾以及减轻致灾因子引起的危害，以及灾害出现时该如何备灾。

1.1　致灾因子是什么？

致灾因子是一种会引发伤亡的过程、现象或人类活动，它还会影响健康、危及财产，给社会、经济和环境造成损害。

你注意到了吗？以上定义把人类活动列为可能导致灾害的一项因素，这是因为广义上讲，致灾因子可分为自然致灾因子和人为致灾因子（即因人类活动导致的致灾因子，英文单词为anthropogenic）。

"ANTHROP"介绍

阅读学习中你是否常常看到"anthrop"的字样？这是一个希腊词汇，意思是"人类"。来举几个例子：anthropology意思是"人类学"，anthropomorphic（试试快速地念这个词）意思是"拟人的"，anthropogenic则意思是"人为的"。有时这个词也会藏在其他单词里，比如philanthropist字面意思是"某人爱着其他人"，不过主要是指"做善事捐款的人"。

© R. Grisolia

致灾因子的种类

人为致灾因子

人为致灾因子是指人类活动诱发的致灾因子，因其源于人类使用科技造成的事故与问题，也被称为科技致灾因子。比如环境退化、核辐射、化学泄露、工业事故和停电断电。

©维基媒体/美国国家航空航天局

自然致灾因子

自然致灾因子是指自然界发生灾害的过程及现象。如地质灾害（地震、海啸、火山活动、山体滑坡）、水文灾害（雪崩、洪水）、气象灾害（旋风、风暴、极端温度）、气候灾害（干旱、野火）和生物灾害（流行病害：动植物病虫害）等。

基于减轻灾害风险徽章的目的，本手册中我们主要关注自然致灾因子以及自然致灾因子通常如何转变为灾害。（本手册2.2节和2.3节中会探讨野火防灾和备灾的方法，而野外火灾通常源于人类活动。）

背景知识

自然致灾因子

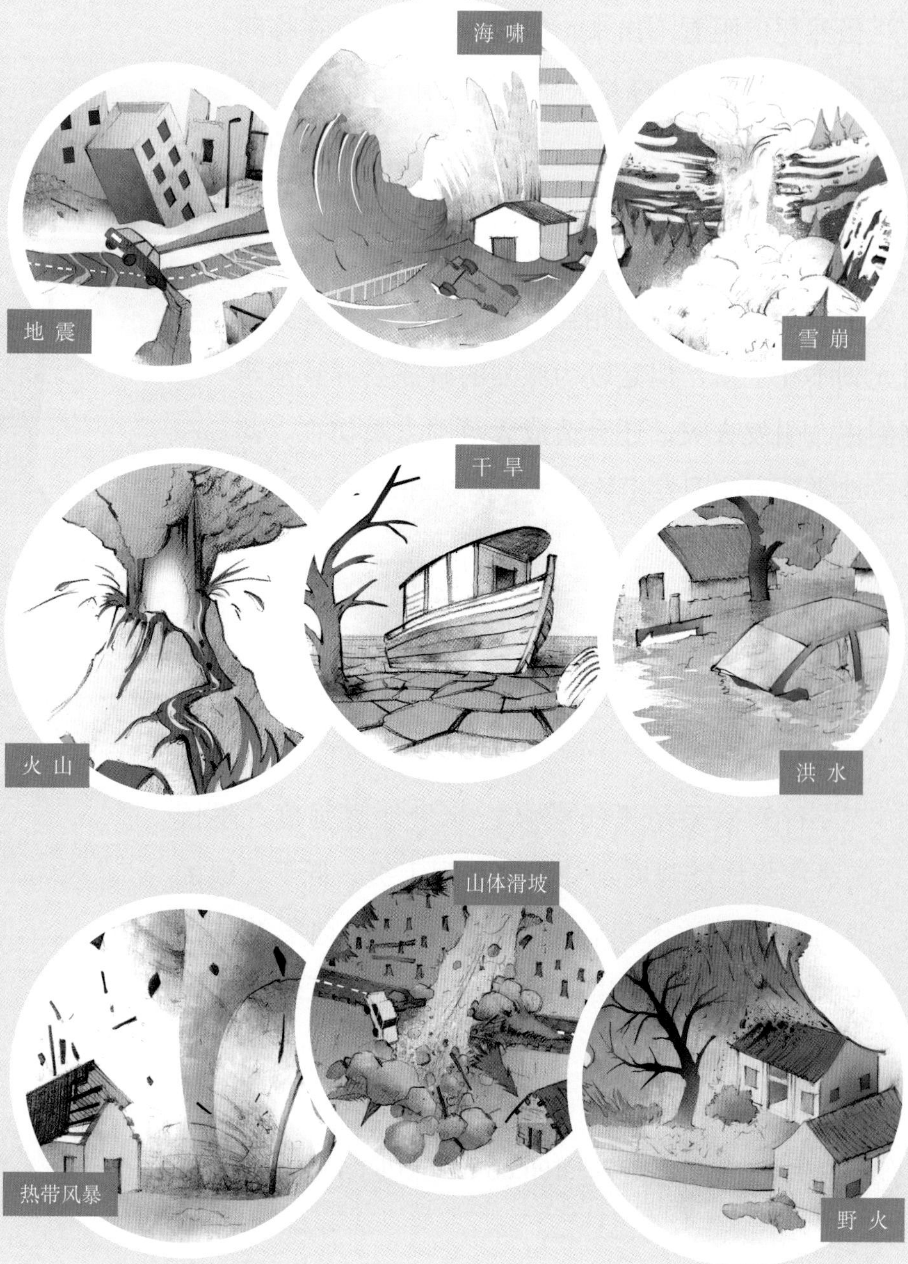

海啸

地震

雪崩

干旱

火山

洪水

山体滑坡

热带风暴

野火

地　震

　　虽然凭肉眼看不出来，但地球表面一直在移动和摇动着，地球表面的大块陆地被称作"板块"，大陆板块一直处在移动之中。幸运的是，板块移动的速度很慢，相比之下，树懒的移动速度都堪比赛车了（板块最快的移动速度仅为每年15厘米）。地震的发生就是因为板块间相互碰撞。尽管这一现象无时无刻不在上演，但是较为激烈的碰撞会导致建筑物倒塌、引发火灾，还会造成大范围人员伤亡。此外，地震还可能引发山体滑坡、海啸和洪水。

你知道吗？

　　科学家采用里氏震级法测量地震强度，里氏震级法将地震强度划分为一级到十级，低于二级的地震几乎感觉不到震感；达到六级的地震被认定为强地震。截至目前，世界上还没有出现过十级地震。

➕→ 了解更多知识请访问：

https://wiki.kidzsearch.com/wiki/Richter_scale。

震动的大地

　　全世界每天会发生近五十万场地震！但是由于其规模微乎其微、远离地表或者远在深海，所以我们几乎察觉不到地震的发生。

资料来源：《美国国家地理（儿童版）》。

✚→了解更多关于地震的趣闻请访问：
www.kids.nationalgeographic.com/explore/science/
earthquake/#earthquake-houses.jpg。

海　啸

　　海啸是指一个或多个巨大的海浪，这些海浪通常由海底地震、火山爆发、海底滑坡或气压骤变所引起，从而造成海平面发生位移，形成巨大的海浪。海啸波在深海中的传播速度可达1 000公里/小时，但是接近海岸时，海啸波的速度会降至几十公里/小时。海啸很有可能突然发生，给沿海地区的居民带来灭顶之灾。

环（太平）洋灾害

　　海啸波可以从起始地传播数千公里，到达海岸线时可能会造成巨大破坏。例如，1960年发生在智利沿海地区的一场地震，伴随着20米高的海啸，摧毁了智利的沿海城镇，造成2 000人死亡。由于海啸波传输的距离很长，当年这场海啸还在夏威夷造成61人死亡，在菲律宾造成20人死亡，在日本造成139人死亡。

你知道吗？

海啸波可高达30米，和9层楼一样高。

雪 崩

　　雪崩是自然发生的，降水或升温导致顶层积雪融化都会引发雪崩，地震也可能引发雪崩。然而，有些雪崩是人类活动引发的，比如，当有人在雪面上步行或骑车时，碰巧有薄弱层塌陷，就会导致覆盖的雪块破裂并开始滑动。雪崩多发于冬季，冬季山坡上多有厚积雪层。遇上暴风雪天气，大量雪花飘落在下层积雪之上，导致薄弱雪层向低层积雪表面"滑落"并快速向山下滚动，雪崩此时就发生了。小型雪崩通常夹杂冰、雪和空气，但大型雪崩还裹挟石块、树枝以及碎片。每年全球有150多人死于雪崩。

资料来源：www.kidskonnect.com/science/avalanches。

雪崩的危险性！

　　雪崩通常是突发且致命的。1970年，发生在秘鲁的一场八级地震引发了一次大雪崩，将永盖（Yungay）镇和兰拉西尔卡（Ranrahirca）镇完全掩埋，导致约10万人丧命。

➕→ 了解更多关于雪崩的知识请访问：

　　www.national geographic .org/encycl opedia/avalanche。

火 山

　　火山是地球表面的一个开口，通常形成于地表的山体之上。地球内部的天然气、热岩浆（地壳下方的流体或半流体物质）和气体可以从这里喷出。火山主要形成于板块交界处。

　　火山爆发的方式不尽相同，其中裂隙性爆发是其中最危险的，它可以将颗粒物喷射到32公里以外的地区，甚至将8吨重的巨石喷射在0.8公里之外。火山爆发会引发山体滑坡，滚烫的火山碎片、火山灰和火山气体还会导致雪崩，所经之地，万物尽毁。在火山爆发时，熔岩会慢慢地流出，而人们通常跑得比熔岩流速快，因此其危险性相对较小。但是，熔岩会造成巨大破坏，如损毁房屋、农场和道路，这是因为熔岩会燃烧和融化所有与之接触的一切。

资料来源：https://kids. nationalgeographic.com/explore/science/volcano。

和平之神可能是一个更好的选择……

　　火山这个词源自伏尔甘（罗马神话中的火神）。

你知道吗？

　　据科学家估计，地球上至少有一百万个海底火山！事实上，80%的火山爆发发生在海洋中。

资料来源：美国国家海洋和大气管理局。

干 旱

　　干旱是由长时间不降雨导致水资源短缺引起的。干旱造成可饮用水减少，不但影响人类，而且影响动植物，因为它们的生存也依赖水资源。干旱时，食物和水供应减少，农作物可能部分或完全被毁，动物可能更容易生病。干枯的植被有可能引发其他致灾因子。例如，随意抛下未燃尽的烟头，无人看管篝火等人类活动都可能引发野火。

　　干旱也可能导致洪水和山体滑坡，这是因为干燥的土壤不能迅速吸收过多的雨水，导致雨水顺坡而下，就可能引发山体滑坡。

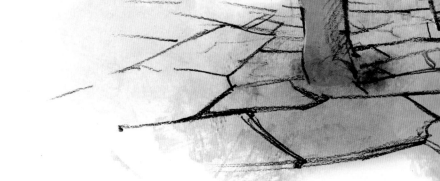

你知道吗？

近1.6亿儿童生活在干旱高风险或极高风险的地区。

资料来源：联合国儿童基金会。

注意变化无常的干燥天气

干旱会导致食物和水资源短缺，但这似乎不是最糟的。干旱时节，蛇为了寻找水源，往往会潜入人口密集区。因此，被蛇咬伤的人比平时多得多。

洪 水

　　洪水是由水位上升引发的。洪水可以发生在几分钟内、几小时内、几天或几周内，这取决于土壤对水和径流的吸收能力。暴雨、河水溢出、海水涨潮、积雪融化或堤坝破裂等情况都可能导致洪水暴发。洪水非常危险，短时间内便可覆盖或冲走整个地区，造成人员伤亡，财产损失。洪水导致的死亡人数比任何其他恶劣天气事件都要多，且损失更大。

"丰富"中的"匮乏"

　　洪水往往使得安全饮用水资源更加稀缺，建筑物、下水道系统和发电设施等遭到破坏，可能会污染淡水水源，导致霍乱、伤寒和痢疾等水媒疾病暴发。洪水也可能间接导致媒介传染病的增加，如疟疾和登革热。强降雨或河流泛滥造成的积水也为蚊子繁殖创造了条件。

识　知　景　背

热带风暴

　　热带风暴也被称为飓风、台风或气旋，起源点不同，命名也不同。在大西洋北部和太平洋东北部，称作"飓风"；在太平洋的西北部，称作"台风"；而在南太平洋和印度洋，它便称作"气旋"。这些巨大的风暴产生于热带或亚热带水域，可以通过旋转的、有层次的云团识别。它们的宽度可达950公里，风速为每小时120～300公里。热带风暴通常持续一周多的时间，它们横穿海洋，从温暖的海洋水域吸收能量。多像带着行李箱去旅行！热带风暴到达陆地时，强热带风暴迫使海平面上升，随之而来的洪水和风暴潮席卷一切，破坏力巨大。热带风暴的超高风速也杀伤力十足，树木连根拔起，房屋倒塌摧毁。

你知道吗？

　　风速至少要达到74英里*/小时才能被认定为飓风。2017年，飓风"玛丽亚"直接袭击了波多黎各，风速达到155英里/小时。

---

*：英里为英制计量单位，1英里≈1.609公里。—编者注

观看热带风暴的最佳地点

　　热带风暴的中心被称为"风暴眼"，令人难以置信的是，"风暴眼"范围内的天气通常很平静。"风暴眼"的直径从3.2公里到320公里以上不等。

山体滑坡

山体滑坡发生时，土壤、卵石、岩石、河流的泥沙碎屑，一股脑地顺着山坡奔涌而下，四散开来。地震、降雨或人类活动使得斜坡不断遭到冲刷，从而引发山体滑坡，一旦斜坡不再稳定，**重力**的作用（将所有东西向下拉至地球中心的力量）会导致山体滑坡向下移动。有些滑坡面积过大，以至于整座山的侧面都崩塌了。滑坡移动速度或缓慢或迅速，移动速度较快的滑坡非常危险，附近居民几乎感觉不到任何预警。大型、快速的山体滑坡会造成人员伤亡，破坏财产和**基础设施**，因而，非常有必要在建造房屋前检查选址是否处于不稳定的山坡上。

山体滑坡往往与其他灾害有关。例如，野火导致斜坡特别容易发生山体滑坡，因为野火破坏了植被，改变了土壤结构。冷却的火山熔岩结构非常脆弱，后期可能会崩塌，导致山体滑坡。洪水会侵蚀河岸和斜坡，地震可能引发山体滑坡尤其是在土壤滑落形成的陡坡地区。

野火

野火是不可控火灾，多发于森林、草原等开放式植被地区。绝大多数毁灭性火灾是由人类活动引起的，如农业开垦土地、工业发展和个人过失等。有时，诸如闪电等自然因素也会引发野火。每年，野火都会烧毁数百万公顷的森林林地和植被，经济损失巨大，大量人和动物丧生。野火还会影响社会，破坏环境。例如，烟雾会损害人类身体健康、生物多样性以及释放温室气体（GHGs）。

资料来源：联合国粮农组织。

你知道吗？

幼儿的呼吸速度比成人快得多，大约是成人的**两倍**，这是因为他们的肺容量较小。随着他们吸入的烟尘越来越多，他们患呼吸道感染（如肺炎）或哮喘等疾病的风险比成年人高。

分析致灾因子

　　为了解更多关于致灾因子的知识，提高灾害预测准确度，科学家们进行致灾因子分析，包括研究既定区域内多久出现一次致灾因子(频率)、灾害平均有多强（幅度/强度）、灾害的持续时间、速度等。

　　让我们进一步了解科学家们是如何深入了解致灾因子的。

频率

　　为了掌握致灾因子的出现频率，科学家们调查了不同致灾因子的平均出现频率。例如，想要分析洪水的出现频率，科学家们就研究特定地区的洪水暴发史，以此建立模型，预测将来洪灾的发生时间。

幅度 / 强度

　　幅度或强度描述事件的力度或量级，要将一个事件称为致灾性的，这个事件就必须超过一定强度。以洪水为例，洪水的强度通常是指洪水暴发期间，洪水距海平面或地面的最高高度。就地震而言，地震的幅度则指地震释放的总能量；而就飓风而言，飓风的强度则取决于风速。

绘制地图

　　致灾因子地图可以显示可能受到灾害影响的地理区域以及预期危险或可能出现的最高等级危险。为了绘制灾害地图，科学家需要确定特定灾害的地理位置，及其对生命、财产、基础设施、经济活动造成损失的程度。致灾因子类型不同，地图绘制也不同，对洪水、飓风这类反复发生的灾害，研究过去发生过的灾害事件可以很好地预测未来。对于山体滑坡，需要地质学家进行土壤分析才能预测其概率和强度。

1.2　灾害是什么？

我们经常会听到"自然致灾因子"这个词，但你知道吗？根本就不存在自然致灾因子这样的事。如果自然致灾因子威胁到人们的财产、建筑和环境的安全，造成大量人员伤亡和破坏，自然致灾因子就会导致灾害的发生。为了减轻致灾因子转变为灾害的可能性，我们需要提高知识储备，增强安全决策的能力减轻风险。资源不同，决策和行为不同，我们的抗灾能力就不同，或是更加脆弱（受灾影响严重），或是御灾力更强。御灾力强意味着受灾时只要能从家人朋友那里借到钱，获得食物，就能很快应对和恢复。

资料来源：preventionweb.net。

你知道吗？

平均每年有**两亿**人受到灾害影响，灾害造成超过**7万**人死亡。过去40年来，每年灾害造成的经济损失高达**3 000亿**美元——约是发展中国家获得的外国援助资金两倍多。

资料来源：联合国环境署。

©Pixabay

一致灾因子和灾害

渐发性、突发性及持久性灾害

渐发性致灾因子是随着时间推移逐渐出现的，包括干旱、土地荒漠化、海平线上升以及疫情等。

突发性致灾因子由灾难性事件引发，发生迅速，或出人意料，例如地震、火山爆发、化学爆炸或山洪暴发（突发区域性洪水，通常由暴雨造成）。持久性灾害则由反复出现的事件共同推动，比如极端暴风、洪水等天气事件。

灾害的影响

灾害的影响是指一场灾难性事件或灾害造成的全部影响，包括伤亡、疾病及经济损失和环境破坏等负面影响，甚至也包括积极影响，比如长期来看，洪水过后，土壤变得更加富饶。手册中，我们主要关注灾害的消极影响，**以做好防灾减灾准备。**

众所周知，灾害会对国家发展造成毁灭性的影响。家庭失去家园、生计和亲人，社区失去企业、就业和服务，儿童失学等。灾害还会全面阻碍减贫进程，比如，2009年一场热带风暴和台风同时侵袭菲律宾，当时菲律宾黎刹省的贫困人口几乎翻了一番，即使在6年后，依然有约8%的家庭处于贫困线之下。

你知道吗？

2003—2013年，自然致灾因子引发的灾害在全世界范围内造成了1.5万亿美元的经济损失。在发展中国家，这些灾害造成了5 500亿美元经济损失，影响了20亿人。

资料来源：联合国粮农组织，2015年，www.fao.org/3Za-i5128e.pdf。

现在让我们详细了解灾害对生活和生产造成的负面影响：

农业

灾害会损毁庄稼、破坏灌溉系统、损坏农用工具设备、渔船、牲畜棚，以及储存、加工和运输系统，继而对农业（包括畜牧业、渔业和林业）造成损害，这就意味着，农民不仅会丧失食物来源，还往往失去收入来源。灾害还可能导致农民和农场工人失业或收入降低，当地市场食品供不应求，食品价格上涨，购买食物变得更加艰难，人们获取食物的途径受到限制，存粮也会随之消耗殆尽。总的来说，灾害会影响食品质量、食品数量、**食品安全**和**食品营养**，尤其抗灾能力弱的家庭受影响更甚。

你知道吗？

干旱造成的破坏和损失中，超过83%会影响农业，尤其是畜牧业的粮食生产受干旱影响最为明显。

资料来源：联合国粮农组织，2017年，www.fao.org/3/I8656EN/i8656en.pdf。

© 粮农组织/Giulio Napolitano

住房

住房重大灾害往往会破坏房屋建筑，致使家庭失去住所，居民无法获得水和卫生设施等**基础服务**。数以百万计的人无家可归，无班能上，整个经济都会受到影响。在这种情况下，政府需要搭建应急住房，这就意味着他们必须从其他长期发展项目中抽取资金。

©Pixabay/Angelo Giordano

你知道吗？

2015年，洪水、暴风雨和地震带来的灾害使1930万人流离失所。

资料来源：国家难民委员会/境内流离失所问题监测中心，2015年，https://www.acnur.org/fileadmin/Documentos/Publicaciones/2015/10092.pdf。

健康及营养

众所周知，动植物虫害、疾病等重大灾害会造成大面积伤亡。除此之外，不同灾害还会带来其他健康风险，且影响范围广泛，包括动物健康和食品安全。比如，干旱会导致水资源和食品短缺，受灾群众就会营养不良；洪水会导致饮用水受到污染，引发腹泻、霍乱等疾病传播。洪水或暴雨后的大量积水会成为蚊虫的滋生地，提高了疟疾或登革热泛滥的风险。

教育

也许你还在抱怨作业和考试，但是能去上学实在是很幸运。你知道吗？地区冲突、灾难等紧急情况导致7 500万孩子失学。灾难会破坏或摧毁学校建筑、道路，致使学生无法上学。此外，灾后的**恢复工作**往往会影响教育教学，例如，有些学校会被改建为疏散中心。失学会在很多方面伤害儿童和青少年，继而影响一国的发展。年轻人需要接受教育获得谋生之技，成为建设国家的栋梁之才，学校还能为他们提供安全的学习场所和娱乐场所，而失学，则让许多孩子面临更严重的剥削和贫困风险。除此之外，返学能让孩子们（从自己的认知视角）体会到生活正在"回归正轨"，这样也能使他们经历一次磨难和惊心动魄后感觉好一些。

交通及通信

交通在我们的日常生活中占据很大比重。人们采取各种各样的交通方式（开车、坐公交、乘火车、骑自行车或步行）上学、上班、商店购物、走亲访友、看医生等。企业使用货车、轮船、火车和飞机来运输货物。要做到这一切，我们不仅需要交通工具，还需要安全的道路和桥梁。当发生灾难道路损毁、交通中断时，人们便无法上班上学，公司无法运输食品等必需品，应急人员也无法找到受灾群众。灾害还可能会影响通信系统，通信设施遭到破坏后，将导致电力中断，维修团队也无法进入现场。此外，对农村的居民来说，道路受损还会影响他们赶集，既无法出售农产品，也无法购买所需的生活用品和食品。

电力

电力啊……让我们来细数爱你的方式（向伊丽莎白·芭蕾特·布朗宁致歉）。

依赖电力进行的活动不胜枚举，国家依靠电力来拉动生产、发展经济。日常生活也离不开电力，电脑、电视、空调、手机、照明都需要用电。电力对水、煤气和网络等服务至关重要。火车、飞机及物流设施依靠稳定供电，医院、学校、办公场所和农场也是如此。灾害常常会毁坏能源供给基础设施，造成长时间电力供应中断，给经济带来巨大损失，极大地影响人民的生活质量。

水资源与卫生设施

没有清洁用水和**卫生设施**（一种安全清洁的废物处理方式），人们患腹泻、霍乱、伤寒等疾病的风险会大大提高。缺乏清洁用水和卫生设施，卫生机构也难以安全高效运转，会大大降低人们的生活质量。严重的灾害还往往损坏饮用水系统和废水处理系统，造成长期无法使用。

环境

尽管听起来很奇怪，但**环境退化**（破坏）既是造成灾难的原因，也是灾害发生的后果。以**森林砍伐**为例，森林有助于抵御洪水，所以森林砍伐会提高洪水发生的风险（了解更多信息，请访问：whyfiles.org/107flood/3.html）。这正说明森林砍伐等环境问题会提高灾害发生的风险。另一方面，自然致灾因子会进一步恶化环境，雪崩、地震、海啸、暴风和野火等事件会导致动植物死亡，破坏整个生态系统。

牙买加沿海生态系统和灾害之间的关联

　　珊瑚礁（美丽多样的水下生态系统）保护海岸线、提供海滩材料、提高旅游业带来的收益并支持当地捕鱼业。红树林森林（高产沿海生态系统）充当陆地和海洋间的屏障以保护海滩和海岸线，尤其是在大型暴风雨、飓风和海啸期间。在牙买加的内格里尔，珊瑚礁和红树林都因大型暴风雨、环境污染和采伐活动而退化。沿海生态系统退化增加风暴潮风险，会置很多人于险境。

资料来源：联合国环境署。

灾害如何影响世界各地不同的群体？

灾害对世界上任何人来说都是极其可怕的，但总有些群体受灾害影响更严重。

儿童和少年

你知道吗？每年有1.75亿儿童受到各种灾害的影响（资料来源：仙台减轻灾害风险框架：为了儿童preventionweb.net/educational/view/46959）。至少有三分之一的灾害遇难者是未满18岁的儿童（资料来源：印度护理）。灾难发生时，与家人失散的儿童往往不知道如何躲避或脱身，也无法照顾自己，因而极易受伤。儿童，尤其是两岁以下的儿童，因缺乏洁净的饮用水而患病的可能性非常高，缺乏食物会让他们很容易变得虚弱。

贫困儿童更脆弱！

贫困儿童的家庭和学校往往位于高风险地区，与家境宽裕的儿童相比，由于缺乏积蓄等资源，灾害发生时，贫困儿童及家人也无法搬迁。贫困儿童通常无力支付食物、饮用水和药品，尤其是女童，更可能为养家而失学。

© 粮农组织/Rosetta Messori

儿童在社会上也更脆弱：灾害引发的混乱局面和困难为贩卖儿童、雇佣童工、儿童辍学等恶劣行径提供了温床。儿童很容易情感上受伤：儿童灾后通常会经历各种情绪，恐惧、愤怒或内疚，虽然不想去回想灾害经历，但仍然时常被闪现的记忆困扰，噩梦连连。

老年人

2005年，威力极大的**飓风**卡特里娜席卷美国新奥尔良，造成了巨大的破坏和伤亡，尽管60岁以上的人口仅占新奥尔良总人口的15%，但是在此次遇难者中，他们却占据75%（资料来源：联合国国际减灾战略署）。卡特里娜飓风并非特例，绝大多数灾害对老年人口影响较大，原因有以下几种：第一，老年人行动缓慢，因而很难逃离危险；第二，老年人往往有呼吸系统疾病或心脏疾病等健康问题，因此在灾害中更脆弱；第三，他们也可能更加依赖那些被灾害破坏的服务，例如卫生和社会保护服务；第四，他们还经常被减轻灾害风险规划和培训排除在外。

女性和儿童

2004年12月，至少有23万人在印度洋**海啸**中遇难，其中遇难的女性是男性的四倍，这是为什么呢？原因多种多样。许多男性搬至沿海村庄，到城市找工作，女性则留在家中。在一些地方，女性未经丈夫允许不能离开家，如果发生危险时，她们的丈夫不在身边，她们就可能被困房中。还有不少女性奋力救助自己的孩子，这影响了她们的逃生速度。此外，许多地方的女性不会游泳或爬树。还有一些国家的女性，在海啸发生时，她们正好在海滩上等着从渔船上卸鱼。

不可思议的关联：灾害与童婚

你可能还不知道灾害还会带来一种令人心痛的后果：童婚增多。受灾的贫困家庭往往用女儿出嫁来摆脱抚养女孩的负担，也希望婚姻能使女儿摆脱贫困。政府和救助机构通常关注灾后食物和水源供给以及庇护所的安排，但是诸如女童赋权这样的社会支持同样非常重要。

© 粮农组织/Vidhu Prakash Kayastha

　　印度洋海啸并非是女性更易面临灾害危险和危害的唯一见证。在干旱期间，女孩有可能缺课，因为她们肩负取水和照顾家人的职责。干旱和长期干燥也会导致危害女性的行为增加。例如，为了取水，女性必须长途跋涉，因而增加了她们遭受性侵的风险（资料来源：联合国妇女署）。女性在灾害中也承受着更大的痛苦，因为她们更可能做出牺牲，例如，为了家人而减少进食。

©联合国组织/J. M. Micaud

残疾人

　　灾害发生时，残疾人在疏散过程中被落下或者遗弃的可能性较大。针对残疾人的安置准备往往不充分，或者没有供他们使用的相应设施、服务和运输系统。绝大多数避难所和难民营都不对他们开放，而且由于人们认为他们需要特殊的医疗帮助需求，避难所和难民营甚至将他们拒之门外。物理、社会、经济和环境体系的崩溃以及救助系统的中断对残疾人造成的影响远远大于普通民众。（资料来源：联合国）。根据preventionweb.net报道，"2011年日本3·11大地震中，残疾人死亡率是普通人死亡率的两倍多，2010年海地地震中，残疾人也是受灾最严重的群体。"

土著人

　　灾害会以不同的方式影响人们，但是在灾害面前，土著人往往是世界上最脆弱、最劣势的人群。土著人是一群有着独特文化和生活方式的群体，他们有自己的一套为人处世的方式，与环境有一种非常特殊的联系。据估计，世界上共有3.7亿土著人生活在90个国家，他们在世界人口中所占比例不到5%，却占世界最贫穷人口的15%。土著人在灾害中更脆弱，这不仅因为他们通常生活在更为偏远的地方，人道主义援助需要更长的时间才能送达，还因为在很多情况下，由于语言不通，不享受差别化权利而面临诸多限制，因此他们往往更有可能遭受营养不良，也无法充分利用社会保护机制和经济资源以进行灾后恢复。尽管如此，但土著部落与大自然关系密切，高度依赖大自然维持生计（森林、农业、狩猎、游牧等），因此土著部落也在环境保护及通过可持续管理森林和生物多样性对抗气候变化方面发挥典范作用。

资料来源：联合国开发计划署，《关于土著人10件不可不知的事》，2017年，
https://stories.undp.org/10-things-we-all-should-know-about-indigenous-people。

虽然该群体在灾害中很脆弱，但他们也是强大变革的推动者。他们对于如何减轻灾害的影响有自己的见解。应该将宝贵的资源纳入所有减轻灾害风险的活动当中。稍后我们将在挑战徽章活动中了解更多信息。

1.3　什么使人类脆弱？

如前文所述，在灾害中**脆弱**意味着对灾害的预测、预防、应对能力较低或从致灾因子影响中恢复的能力较低。使人类易受灾害影响的原因也很多，让我们来探讨其中的一些因素。

经济因素

贫困使人们处于弱势，易受灾害侵扰，且灾后愈加贫困。贫困是如何带给他们灾害的？ 原因之一是，穷人迫于生计通常生活在致灾因子风险高的地区，例如洪水、**地震多发区**或者存在**山体滑坡风险**的陡峭山坡。许多穷人进城找工作，往往只能在拥挤不堪的地区搭建有安全隐患的临时安身之所。

穷人负担不起减轻风险的措施，例如建造更安全的住房。所有这些都意味着，穷人对灾害毫无准备，所以当致灾

> 超过90%的因灾死亡发生在贫困国家。
>
> 资料来源：联合国开发计划署。

青年与联合国全球联盟学习和行动系列

©粮农组织/A. Odoul

你知道吗？

当数量相近的人面临同样严重的热带气旋时，低收入国家的死亡风险是高收入国家的225倍左右。

资料来源：联合国减轻灾害风险，2011年，《全球减灾评估报告》，《揭示风险，重新定义发展》，日内瓦，瑞士，联合国减少灾害风险秘书处。

因子出现时，更有可能演变为灾害。

有很多原因可以解释为何灾害会加剧贫困。一场灾难，牲畜或庄稼尽数被毁，贫困农民的一切生计都被毁了。在城市地区，住房往往是贫困家庭的主要经济资产，既是住所也是个人安全的保障，还往往维系着他们的生计（资料来源：联合国减轻灾害风险署）。但是，城市的低收入群体负担不起房屋保险等保护措施，一旦发生灾害，他们的房屋和财产损坏或丢失，将给城市贫困家庭带来巨大经济压力，因为他们更换生活物品的成本非常高。总的来说，灾害造成的一系列问题，例如，丧失生计、罹患疾病、食品和水资源不安全以及基础设施受损，都会加深低收入群体的窘境，因为他们所拥有的防灾减灾资源更少。

环境因素

在本手册开头部分，我们了解到环境对灾害有影响。健康的环境能够为我们提供食物、淡水、林地、药品等必要的**生态资源**，也能帮助我们抵御飓风、洪水和山体滑坡等致灾因子。但是，如果我们过度开发森林和土地等自然资源，就会造成**环境退化**（即环境遭到破坏）。环境一旦退化就不能有效地抵御致灾因子，反而会增加灾害风险。例如，土地退化可能导致干旱频发，**森林砍伐会增加山体滑坡的风险**。

物理因素

物理因素包括可以使用的适宜土地、土地使用规划、房屋设计、建筑标准、建筑材料、工程结构以及应急服务等权利。(资料来源：美国国际开发署)。与居住在能满足安全标准房屋的人们相比，住在危房的人们在灾害中更脆弱。一旦发生紧急情况，农牧渔从业者可能没有地方来安置他们的种子、牲畜、生产设备和工具。

©粮农组织/Truls Brekke

虽然发展中国家和低收入群体面临的灾害风险也较高，但是，2011年发生在日本的地震和海啸表明，发达国家也同样面临着巨大的灾害风险以及由此引发的重大经济损失。

©Flickr/ GenerationBass/ Creative Commons

社会因素

教育水平、灾害意识、受教育程度、应急培训和**管理**等社会因素会影响弱势群体应对灾害的方式，甚至文化也是如此。如前文所述，权利、文化和传统的确都会对人们应对灾害的方式产生重要影响。一方面，如果人们认为灾害是上天惩罚人类的一种方式，那他们就不会尝试去减轻风险，反而会接受灾害带来的一切后果。另一方面，某些文化中的古老智慧能帮人们预测自然灾害，例如，泰国的莫肯人对风、潮汐和动物等知识有一定的了解（代代相传），这使他们成功预测了2004年印度洋**海啸**的种种危险。同样，领导层也能发挥巨大的作用。各国政府、地方领导和国际机构都需要制定强有力的计划及时备灾和应对致灾因子。

1.4　气候变化和灾害

气候是指一个地区大气的多年平均状况。

气候变化指的是地球气候状态的总体变化（如气温和降水的变化）。气候变化发生的时期相当长，因此无法轻易观测。然而，通过研究以往的地球气候变化史，科学家们发现地球正以前所未有的速度加速变暖。你知道原因是什么吗？是人类活动。从燃烧煤、石油等化石燃料到农业生产、森林砍伐，人类的种种行为在很大程度上都是造成气候变化的重要因素。

想要了解更多气候变化，请阅读气候变化挑战徽章。

气候变化在以下几个方面增加了灾害发生的风险，例如：

✱ **造成极端灾害天气频发**：科学家认为，气候变化造成洪水、干旱、风暴和热浪等极端灾害天气频发。事实历历在目：20年来，90％的重大灾害都是由已知的6 457种灾害天气引起的（资料来源：联合国国际减灾战略署）。

✱ **导致海平面上升**：增加低洼海岸线地区洪水致灾因子。

> **这是事实！**
>
> 气候变化会加剧世界上大部分地区的自然致灾因子。
>
> 资料来源：世界银行。

© 粮农组织/Asim Hafeez

* 天气模式不断变化：带来新的风险，我们需要识别风险并提前做好准备。

* 更易受自然致灾因子影响：尤其是**生态系统退化**会造成水和食物短缺，影响人类生存。也会给贫困社区带来更多挑战，使其更难应对致灾因子。

* 人们流离失所：农作物遭到破坏，房屋不再安全宜居，大量居民流离失所。人们到城市寻找工作，居住在基础设施落后的破旧房屋里。迁移人口越多，易受自然致灾因子影响、居住安全难以得到保障的人就越多，从而增加灾害发生的风险。

资料来源：联合国国际减灾战略署（UNISDR）和 preventionweb.net。

气候迁移

2008年以来，平均每年有2 150万人因洪水、风暴、野火和极端气温等与天气相关的**突发自然致灾因子**而被迫迁移。数千人因干旱和海平面上升引发的海岸**侵蚀等渐发性致灾因子**不得不逃离家园。

资料来源：联合国难民署。

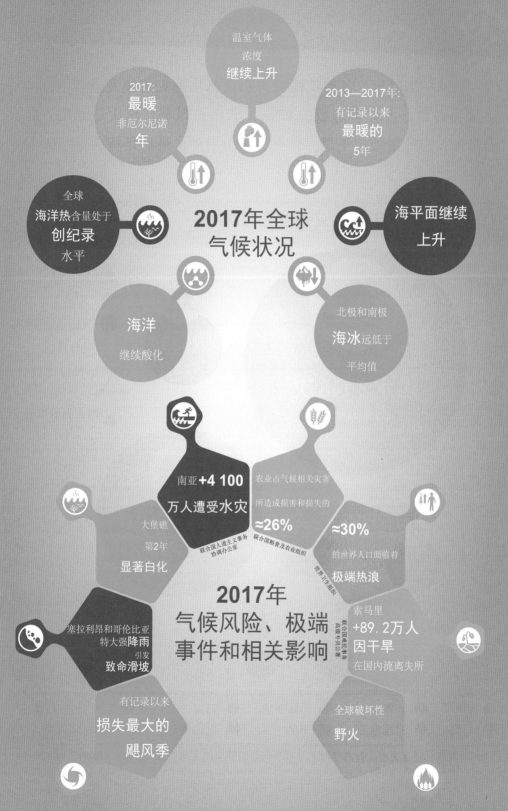

温室气体浓度继续上升

2017: 最暖 非厄尔尼诺 年

2013—2017年: 有记录以来 最暖的 5年

全球 海洋热含量处于 创纪录 水平

2017年全球气候状况

海平面继续上升

海洋 继续酸化

北极和南极 海冰远低于 平均值

南亚 +4 100 万人遭受水灾
联合国人道主义事务协调办公室

农业占气候相关灾害 所造成损害和损失的 ≈26%
联合国粮食及农业组织

≈30% 的世界人口面临着 极端热浪
世界卫生组织

大堡礁 第2年 显著白化

塞拉利昂和哥伦比亚 特大强降雨 引发 致命滑坡

2017年 气候风险、极端 事件和相关影响

索马里 +89.2万人 因干旱 在国内流离失所
联合国难民事务高级专员办公室

有记录以来 损失最大的 飓风季

全球破坏性 野火

资料来源：世界气象组织（WMO），WMO 2017年全球气候状况声明。

1998—2017年，各种气候灾害和地球物理灾害频发。其中，洪水最为高频，占灾害总数的43%；其次是风暴，再次是地震、极端温度、山体滑坡、干旱、野火和火山活动，最后是特大自然灾害干旱。

1998—2017年各大灾害发生频次

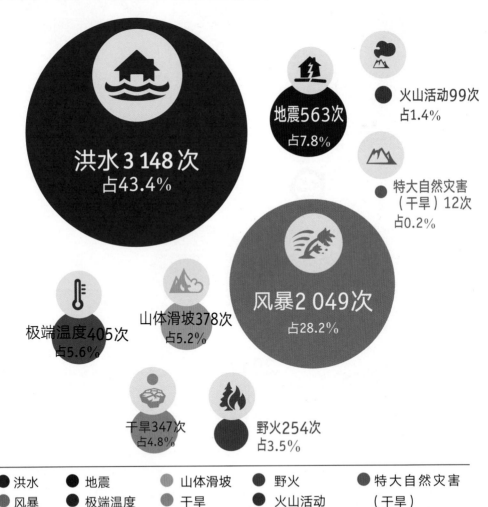

● 洪水　　● 地震　　● 山体滑坡　　● 野火　　　● 特大自然灾害
● 风暴　　● 极端温度　● 干旱　　　● 火山活动　　（干旱）

资料来源：摘自灾害流行病学研究中心和联合国国际减灾战略署（2018）《经济损失、贫困和灾害1998—2017》报告。

洪水不但是1998—2017年发生次数最多的灾害，同时是影响人数最多的灾害，全球受灾人数高达20多亿人；其次是干旱，受灾人数为15亿人。

1998—2017年受灾人数

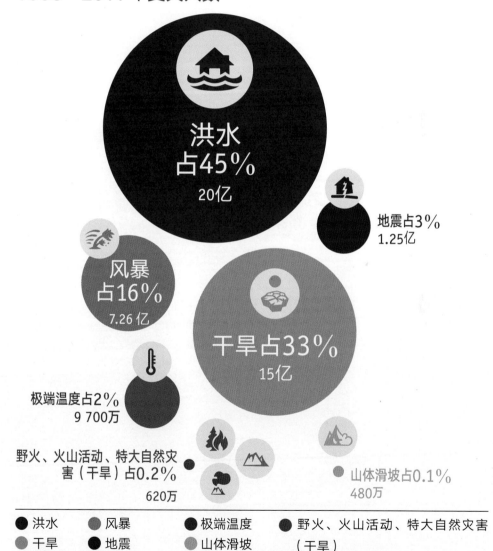

资料来源：摘自灾害流行病学研究中心和联合国国际减灾战略署（2018）《经济损失、贫困和灾害1998—2017》报告。

第二章
减轻风险

2.1 减轻灾害风险

灾害风险、灾害风险管理（DRM）和减轻灾害风险（DRR）

你需要理解三个重要术语：灾害风险、灾害风险管理和减轻灾害风险。不用担心记不住这些术语，先来一起来看看它们的含义吧。

灾害风险是在某特定时段发生的灾害造成伤亡、破坏和损害的可能性。（资料来源：联合国国际减灾战略署）。灾害风险水平由多种因素决定，例如致灾因子的强度和发生频次，暴露于致灾因子下的人员、建筑和基础设施数量，或者农作物、牲畜等农业暴露程度，及其对该致灾因子的脆弱性。暴雨来临，居住在洪水易发地区的人们可能遭遇洪灾；居住在设计施工水平不佳的房屋的人们，更易受地震影响。这些人可能无法接收海啸或风暴警报，或者不知如何预防、应对灾害和灾害重建。如你所见，各国政府、社区和个人可以采取多方面措施，减轻总体灾害风险。

©赛义德马丁/Ami Vitale

青年与联合国全球联盟学习和行动系列

灾害风险管理（DRM）是指灾后采取的预防和应对工作，包括减轻灾害风险（DRR）、制订管理计划和应急响应。灾害风险管理旨在为受灾人群提供紧急援助，辅助灾后重建工作，例如：修复基础设施和粮食存储设施，恢复人们的生活水平。

减轻灾害风险是灾害风险管理的一部分，此外还关注灾前风险状况。减轻灾害风险旨在预防和减少地震、洪水、干旱和旋风等自然致灾因子造成的基础设施破坏，提高人们应对灾害的能力。过去，人们应对灾害的唯一方法是采取灾后措施（紧急援助和救济），如提供食物、房屋、种子、牲畜，帮助受灾人群重启正常生活。那时人们只关注灾害发生后有哪些"应对"措施，而非"积极"采取灾前举措，或者采取能够防止或减少损害的行动，在灾难发生前做好充足准备，如建造抗风暴型房屋、学习地震自救知识、熟悉火灾疏散路线等。直至20世纪末，人们才逐渐意识到致灾因子并不一定导致灾害。鉴于自然致灾因子无法避免，减轻灾害风险的主要途径是削弱构成风险两大要素：脆弱性和暴露度，即在某致灾因子区域内，处于风险之中的人员和财物数量。为降低脆弱性和暴露度，需要了解、应对环境退化、贫困和气候变化等可能导致并加剧风险的风险因素。应对上述潜在风险因素能够减轻灾害风险，也有助于实现可持续发展目标（资料来源：联合国国际减灾战略署）。

首先，我们来学习一些减轻灾害风险的通用方法，然后了解如何降低三个具体致灾因子的灾害风险：地震、洪水和野火。

2.2 防灾和减灾

本节我们将学习减轻灾害风险中的两个主要概念：防灾和减灾。

> 防灾指在致灾因子出现前采取**行动**，避免致灾因子可能造成的损失和破坏，确保致灾因子不演变为灾难。

> 减灾指采取行动减少致灾因子对人民生活和生计可能造成的损失和破坏，从而减轻灾害的破坏。

防灾和减灾都旨在减轻灾害风险，因此理解二者间区别并非易事。二者的主要区别在于：防灾试图阻止灾害的发生，减灾则试图减少灾害造成的破坏和损失。了解并遵守交通规则，适当进行驾驶员培训，有助于防止和避免发生交通事故，而汽车中安装的安全气囊或者驾驶员佩戴的摩托车头盔则属于缓解手段，当汽车或摩托车失控或他人引发的事故牵扯到你时，这些措施有助于减少伤害。

处理致灾因子和试图避免灾害时，防灾和减灾或多或少涵盖了相同的活动。让我们学习如何用防灾、减灾措施应对不同致灾因子。

儿童应从最开始就参与到风险评估与识别，以及减轻灾害风险的规划、实施和评估中。

救助儿童基金会（Save the Children）

儿童发挥作用

国际社会认为创造持久变革的唯一途径是让儿童参与到减轻灾害风险行动之中（有一个完整的概念解释该做法；被称为以儿童为中心的减轻灾害风险行动）。以下是年轻人作为变革推动者的一些例子。

 * 在莫桑比克，遭受洪灾社区的儿童参加了一系列活动，旨在提高儿童和成人面对洪水、干旱、旋风和森林火灾的认识，这些活动包括制作学校杂志、社区小册子、广播节目，开展戏剧讲习班和"河流游戏"。

 * 注重学校教育会有回报！2004年12月，一名在泰国度假的11岁女孩从印度洋海啸中拯救了数十条生命，她依据学校地理课上学到的知识，观测出海水退去的迹象，提醒父母将有海啸来袭。

 * 普莱是一名来自泰国农村帕尧府的15岁女孩，她参加了减轻灾害风险培训并与其他人一同绘制了社区地图，标明了社区的风险区、安全区。"社区地图还标注了有孩子和老人的家庭，以及灾难发生时该如何帮助他们。"

地震 ————————————

2015年的一项研究显示，1994—2013年，**地震**（包括地震引发的海啸）致死人数超过了所有其他灾难的总和，夺去了近75万人的生命（资料来源：灾害流行病学研究中心和联合国国际减灾战略署《气候灾害给人类带来的损失》）。

既然我们不能阻止地震发生，就要专注于预防和减轻地震对生命、财产造成的损害。实现这一目标的主要途径是建造更加安全的建筑和基础设施，毕竟真正带来人员伤亡的并非地震本身，而是因地震而倒塌的建筑物（资料来源：联合国项目事务厅）。

位置，位置，位置：测绘和历史情况分析使确定地震易发地区成为可能，建设新基础设施时应远离此类地区。当地权威部门可制定指导方针，规定哪些地方允许建造房屋、道路等，还可以对新建建筑限高。

在美国等地，当地权威部门使用地震风险地图来管理土地的使用，以减少地震可能造成的损害。不幸的是，发展中国家政府往往缺乏管理土地使用的资源。贫困使人们未经许可就在地震多发地区建造房屋，由此可能遭受地震的毁灭性影响。

抗震建筑：掌握更好的知识和技术，设计能承受强烈地震的基础设施已经成为可能。例如，一些大型建筑物配有建筑物摆动式减震装置，可以防止地震造成的破坏并拯救生命。也可以运用新技术、新想法对现有基础设施加以改造，例如，在结构建筑材料中加入钢棒或者在燃气管中使用防火材料，以减轻地震发生时的火灾风险。使现有建筑更加安全、更不易受地震破坏，这种方法被称为加固。

抗震建筑：墨西哥的市长大楼

© 维基共享资源/Diego Delso

抗震基础设施：多人使用的大规模、高度连接的结构极易受灾害影响。例如，如果国家电网是唯一的供电方，那么受到地震影响的人口会比去中心化式的供电多得多，在去中心化供电的情况下，会有部分人口依靠地方和区域电网。粮食供应和基本医疗服务也是同理。

野火

火灾是否发生取决于土地和自然资源的管理方式，具体情况因地而异。例如，在一些地区，植被更易燃，因而这类地区不应设立大面积林地或建设住房。此外，鉴于火焰在旱季蔓延得更快，应在旱季前用燃烧法清理土地，也应避免在大风天和一天中最热的时段点火。将当地居民调动起来至关重要，因为他们是土地的主要管理者，火灾直接威胁其生产、生活。他们也可能引发火灾。

另一个重要措施是使用耐火材料建造房屋、办公室和学校，让民众了解如何预防野火。

©Pexels

洪水 ————————————

以下是一些防止或降低洪水损害的主要方法。

* 避免在容易发生洪水的河流附近的低洼地区（被称为**泛滥平原**）建造房屋。

* 在洪水水位以上建造房屋。

* 改造住宅和房屋使之能够抵御洪水，例如安装防水材料和将电源插座移至墙上更高的位置。

* 保护湿地：湿地是由沼泽组成的土地，湿地通过充当海绵和吸收水来防洪。

* 种植树木：被树木覆盖的土地可以作为防洪屏障，此外，树木还能防止水土流失，使土地吸收更多的水分。

* 改善土壤条件：更健康的土壤能够吸收更多的水分。

* 设置防洪屏障：这些是专门为了防洪设计的特型闸门。

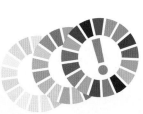

　　许多我们可以采取的防洪措施也有助于实现可持续发展目标。种植树木、保护湿地和土壤与联合国可持续发展目标13（气候行动）和目标15（陆地生物）等直接相关。

2.3　备灾

帮助人们事先应对致灾因子的行动。

应急预案

政府、社区和组织经常制订应急预案，明确灾难发生时该做什么。应急预案通过周密分析各类场景，预测存在哪些潜在致灾因子，预先设计周密详尽的应对方案。为保证人人心中有数，需要明确采取何种措施并进行演练。相关人员应定期更新、预演上述计划。

应急预案主要包括三个部分：

1 将会发生什么？策划人员要确定潜在的致灾因子类型，还要研究有可能受到影响的人群，确定其脆弱性及其优势或能力。

2 如何应对？策划人员要评估应急物资和运输等安排，并将具体任务的责任落实到个人。

3 提前做好哪些准备？这一步要确定计划能否良好运行或存在哪些不足，包括在必要时提供紧急医疗用品和粮食储备，提高公众认知。策划人员还要明确当危险致灾因子出现时，如何向涉灾群众发出警告。这些被统称为**早期预警系统**，下面我们将对其进行讨论。

识知备量

早期预警系统

强大的早期预警系统是做好致灾因子准备的基础，能够及时提供有效信息，帮助人们避免或减轻灾害风险。早期预警系统由一个复杂的活动网络构成，包括收集信息、绘制致灾因子地图、监测和预测致灾因子事件并及时发出预警讯息。

孟加拉国：用手机推送早期预警讯息

对于容易遭受灾害和暴力冲突的国家而言，确保人们能快速接收灾害预警讯息并及时应对，有助于拯救生命，保护财产安全、经济投资和生产生活。在过去几年，使用手机、平板等移动技术设备和社交媒体的人越来越多，人们以此相互联系、分享资讯、交换信息。这项新技术释放了防灾、减灾以及灾后恢复的巨大潜力。自2010年起，孟加拉国就通过短信服务传播早期预警讯息，及时帮助农民、渔民和社区采取适当行动应对灾害。

资料来源：联合国开发计划署，问题摘要：《用于危机下防灾和灾后恢复的移动技术（2013）》报告，www. undp. org/ content/ dam/undp/ library/crisis%20prevention/20132703IssueBriefMobileTechCPR.pdf。

"以人为本"是早期预警系统有效运行的前提。系统需要向易受致灾因子影响的人群和社区赋权，帮助其快速采取行动，尽可能减轻人员伤亡以及财产和环境损害。

完整有效的早期预警系统包括：

普及致灾因子和脆弱性知识。

包括教育、培训处于风险中的人群。

设计监测工具和预警系统。

包括设计预测致灾因子和发布预警的工具。

传播信息的策略。

确保所有处于风险中的人都能够接收到易于理解的警告讯息。例如通过警报器、无线电警报等发送警报。

应对能力。

确保应对预案与时俱进；确保人们已经准备好根据警报作出反应。

© 难民理事会/Rural Damascus/Hasan Bila

塞内加尔和卢旺达：开发"天气和作物日历"移动手机应用

联合国粮农组织及其合作伙伴致力于发展、实施和拓展创新型数字化服务。通过着力开发塞内加尔和卢旺达移动手机的四种应用，帮助提升农业服务、便利当地信息获取。这些应用主要通过消除获取和运用信息的障碍满足年轻人、个体户和女性户主家庭的需求。其中一款名为"天气和作物日历"的应用，结合了天气预报和作物日历，帮助农民充分利用有利气候条件、及时作出知情决策、有效管理风险并适应气候变化。通过提供早期预警服务，帮助农民了解潜在风险、提高御灾力。在卢旺达和塞内加尔，预计各有240万人和150万人能使用该应用程序。该应用程序还将开发支持多种地区语言的语音服务，以覆盖那些教育程度不高（没有读写能力）、只能说当地语言的用户。

资料来源：联合国粮农组织，《非洲数字化服务报告（2018）》：www.fao.org/in-action/africa-digital-serivices-portfolio/en。

预警系统的重要性：以孟加拉国为例

在孟加拉国，大多年份中有1/5～1/3的洪灾是由河水泛滥导致的。人们的生命受到威胁，房屋遭到破坏，农业和畜牧业皆受到影响，造成巨大的经济损失。较为贫困的农民通常贷款购买存货，洪灾给农作物和牲畜带来的损失使这些家庭常年负债。

2000—2009年，孟加拉国与国际组织合作，寻找更好的方法预测国内的季风性洪水。此后又培训社区领袖用手机接收预警，并利用地标，明确有效地向村民解释哪里可能发生洪水。社区领袖也建议农民收割作物，将家畜安置到安全的地方，并告知村民要在洪水来临前，储存好水和粮食，保护好个人财产。

2007—2008年，孟加拉国经历了三场大洪灾。预警系统每一次都提前十天成功预测到洪灾的发生。洪水来临前，社区提前搬至疏散点，渔场都用网保护起来，农民提前收割庄稼，家家户户都储备好食物和水，机械船也已就位，以便岛上农民在必须撤离时使用。

资料来源：Preventionweb.net。

现在，让我们来学习**地震**、**野火**和**洪水**的备灾工作。

地震

预测地震虽然难度很大，但是技术工具能帮助我们在震前大致预测到地震。**地震仪**等工具能够检测地面变化，随后各个社区会通过警报器和广播告知居民大规模撤离。即使预警只比地震早了几秒、几分钟，也起到了保护生命及财产安全的作用。

做好充分准备意味着，在紧急疏散的情况下，应急车辆、救援物资和医疗设备都已准备就位。

当地政府应制订区域计划，定期组织培训、演练，提高公众防震意识。

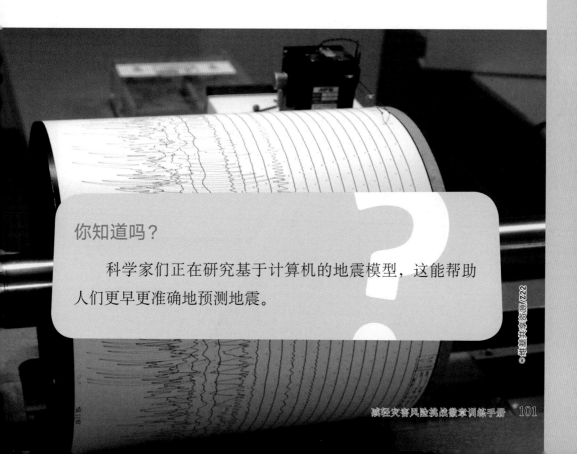

你知道吗？

科学家们正在研究基于计算机的地震模型，这能帮助人们更早更准确地预测地震。

下至社区、个体，充分备灾，人人有责。要在地震易发地区定期进行地震逃生演习。你将在本手册"采取行动"章节中，了解更多每个人都力所能及的地震应对举措。

D
采取行动

动物预警

一直以来，人们认为动物也能预测地震。早在古希腊就有人指出，地震来临前，动物会提前几天甚至几周逃离当地。然而，科学家对此持保留态度。他们虽然同意动物能比人类提前几分钟感知地震的到来，但却质疑动物能提前很长时间预测地震。你对此怎么看？

©Unsplash

野火

　　早期野火预警系统包括以计算机为基础的系统，该系统能利用摄像机和太空卫星探测烟雾和火焰。正如地震预警一样，探测到潜在风险后，当地权威部门会通过警报器、短信、电视、无线电和社交媒体发布警报。

　　野火随时都可能发生，降水量少或无降水情况下，发生野火的风险更高，因为上述天气使草木更加干枯、易燃。强风还会使野火迅速蔓延。所以，天气干燥情况下，必须提高警惕。政府和当地领袖帮助人们预防火灾的其他方法如下：

* 在房屋和建筑内装置烟雾探测器和灭火器；
* 丢弃极易燃烧的枯枝落叶；
* 种植不易燃烧的树木和植被，并定期浇水；
* 有效传播火灾预警和疏散信息；
* 提高公众防火灭火意识，组织防火演练。

二 减 轻 风 险

©粮农组织/Roberto Faidutti

洪水

洪水预警系统通过雷达、自动路障、计算机和摄像机来监测降雨量和水位。例如，欧洲洪水感知系统（EFAS）（www.efas.eu）对全欧的洪水进行监测、预测，至少提前10天发布洪水早期预警信息。当地权威部门一旦收到洪水预警，就会快速采取行动提醒公众。及时的洪水预警信息不仅可以确保人身安全，还能帮助社区保护农作物、牲畜和房屋。

仍然存在的一个挑战是，预警系统很难覆盖到暴露在灾害中、最具脆弱性的人群，难以及时向他们提供易于理解的信息。许多发展中国家，包括最不发达国家（LDCs）、小岛屿发展中国家（SIDS）和内陆发展中国家（LLDCs），都不具备有效的预警系统所需的技术。（资料来源：世界气象组织）

总体而言，洪水防灾包括编制切实可行的应急规划、在强降雨天气保持高度警惕，以及提供急救、心肺复苏和游泳等培训。

2.4 适应气候变化

之前，我们学习了气候变化和灾害之间的关系。现在，我们要学习如何适应气候变化以应对灾害。气候变化正在发生，也将持续带来负面影响和改变。因此，我们要做好准备应对上述变化，

"1995—2015年，由于90%的重大灾害都是由洪水、风暴、热浪和干旱等与气候和天气相关的自然致灾因子引起的，所以解决灾害风险、可持续发展与气候变化带来的错综挑战是重中之重。"

采取行动将气候变化带来的破坏最小化。这就是适应气候变化，旨在减轻或避免气候变化带来的危害，并为人们在新的气候条件下的生存和发展找到新方案。

很多适应气候变化的例子，比如了解气候相关的风险，为预防风险做好准备、保护森林与湿地等生态系统、改善农业生态环境、管理水资源、在安全地区建造房屋、建立强大的早期预警系统、设计更安全的房屋、扩大保险覆盖范围，以及构建全民医疗和避难所等社会安全网。如你所知，上述措施与之前学习到的减轻灾害风险的措施类似。这意味着适应气候变化和减轻灾害风险应该齐头并进。适应气候变化举措不仅能帮助人们和社区更好应对气候变化，也能加强他们对各类致灾因子的御灾力。

适应气候变化的举措几乎与所有的联合国可持续发展目标（SDG）相关，包括SDG2（零饥饿）、SDG6（清洁饮水与卫生设施）、SDG13（气候行动）、SDG14（水下生物）和SDG15（陆地生物）。

第三章

灾后恢复

目前我们已经学习如何在灾害发生前防灾、备灾。
本章我们将了解灾害发生后该采取哪些行动。

3.1 搜索和救援

灾害发生后，第一步就是寻找被困及受伤的幸存者，将他们带到安全地带，这一阶段可能持续数小时甚至数天。受灾地区会配有专业搜索和救援团队，例如山区、土地（如森林或村庄）、城区（如被困在倒塌的建筑物中的人）、空中和水上救援队。

搜救犬

你知道犬类是搜索和救援的好帮手吗？通过训练，它们学会了搜索和寻找被困、受伤或迷路的受灾者。凭借惊人的嗅觉，它们可以找到人类搜救队无法找到的人。有些雪崩搜救犬可以嗅到 5 米厚积雪下的人的气味！

©Pixabay

3.2 救援工作

通常在重大灾害发生后，大量人员无法获得食物、饮用水、避难所和医疗用品。重伤人员需要紧急医疗救助。在展开搜索和救援的同时，政府和机构需要提供应急救援，维持受灾人员的生命体征。较之那些人员更具**脆弱性**、备灾不够充分的国家，备灾充分的国家的救援阶段持续的时间更短。例如，2010年海地**地震**后，对大多数人而言，救济阶段一直持续到震后第二年。相比之下，2011年2月智利地震后，应急救援阶段只持续了几个月，因为该国地震频发，政府备灾更充分。

© 粮农组织/Giulio Napolitano

动物与灾难

受灾害影响的不仅仅是人类。动物也一样面临伤亡。幸运的是，有专门的团体在灾害后救助动物，例如：国际爱护动物基金会（www.ifaw.org/united-states/our-work/animal-rescue/disaster-response）、世界动物保护国际（www.worldanimalprotection.org/our-work/animals-disasters）和世界动物卫生组织（www.oie.int）。然而，在灾害后的悲剧和混乱中，动物通常会被遗忘。例如：

* 在"卡特里娜"飓风期间，大约有60万只宠物被淹死或饿死。

* 成千上万的动物死于秘鲁利马的一场地震，而政府的应急规划中并没有考虑到这些动物。

* 2011年日本福岛核事故后，不但有许多动物死于地震和海啸，还有许多动物没有被疏散，遭到遗弃并饿死，但松村直人（Naoto Matsumura）决定留下照顾这些动物（资料来源：日本灾难群岛）。

* 数百万农场动物（奶牛、绵羊、水牛、山羊、驴和家禽）死于2010年巴基斯坦洪灾。许多动物的死因是人们无法用救援船带它们一起撤离。这么多动物死亡，本就是一场惨烈悲剧。该国有数百万人口依靠牲畜和家禽谋生，洪水对人们收入的影响也极为严重。

* 灾害过后，动物虫害和病害可能会迅速蔓延。和人类一样，动物会因为吸入灰烬和刺激性气体而患肺炎，或因饮用受污染的水而腹泻。由于洪水或干旱等灾害，动物变得虚弱，更容易患病或受寄生虫、病毒、细菌和真菌的感染。

3.3 灾后恢复，重建更好未来

在度过拯救生命和满足生存需求的最初阶段后，**灾后恢复**可以进入重建和恢复正常秩序阶段。

你可能难以相信，灾害能成为实现**可持续发展**的机会。这是因为当修复和重建的漫长过程启动后，我们可以与时俱进，为各个层面的改进铺平道路。让我们看看该怎么做。

起初，灾后恢复工作应基于长期、全面的原则，促进公平、包容和环境保护。这就需要进行灾后需求评估（PDNA）。可别看到这儿就把书合上，不要担心，灾后需求评估没有听上去那么难理解。政府进行评估旨在全面掌握灾害造成的破坏和损失，并制订强有力的灾后恢复计划。规划者应该确保灾后恢复计划遵循减轻灾害风险的原则，包括：

* 确保当地社区在灾害工作中发挥核心作用。社区人员往往掌握着当地知识，了解自身需求，这是宝贵的资源。培训可以增强他们对致灾因子的御灾力。

* 将减轻灾害风险的原则融入新的**基础设施建设**，增强学校、住房和办公室安全性。换言之，**重建更好未来**。

* 保护人民生计免受未来致灾因子的影响，包括明确生计脆弱性的成因，例如，一个生活在洪水易发区的贫困农村农民，有可能在洪水中失去他的全部收入，以及如何增强御灾力。这就是所谓的创造可持续的生计。

* 在规划基础设施、农业、水管理或**其他可能被气候变化波及**的领域时，解决气候风险。

* 为未来致灾因子准备时，充分考虑儿童、妇女、残疾人和老年人等脆弱群体的需求，并与他们协商。

* 保证财务保障，例如保险覆盖率，以更好应对未来灾害。

* 发起社会保护计划，帮助贫困和脆弱家庭防灾，避免其在灾后更加贫困。例如，现金调拨（政府向贫困人群提供现金）、养老金和公众工程计划，向需要钱的人提供帮助以推进重建工作。

© 粮农组织／A.Lamentillo

与妇女一起工作

正如前文所述，灾害往往对妇女和女孩造成重大而深远的影响。我们只能通过让妇女和女孩参与灾后恢复计划和工作来解决这一问题。很不幸，妇女和女孩往往比男性更难获得信息和资源。

妇女拥有的资产和财产较少，在家庭和社区中的决策权也较少。在世界各地，从事同样工作的女性收入低于男性。妇女掌握的技能更少，发展技能的机会也较少。

她们面临着更大的性虐待、家庭暴力和其他形式的暴力风险，而且往往在家庭中受到男性成员的支配。

所有这些都导致了妇女往往被排除在灾害恢复工作之外。国际社会正在努力改变这种状况，方法是：

✱ 制定考虑到男女需求和想法的规则和条例（即"促进性别平等"）。

✱ 开展促进性别平等的计划、监测和评估。

✱ 在评估社区或国家的脆弱性、风险和能力时，将女性的需求和想法纳入评估范围。

✱ 使用针对男性、女性及不同年龄段人群分别收集和分析的数据。

✱ 让女性更容易在御灾力建设中做出贡献和发挥领导作用。

✱ 促进女性在灾害管理活动中的参与、领导和发言权。

资料来源：联合国妇女署。

赋权妇女和女孩非常重要，因此，17项联合国可持续发展目标（SDG）的其中一项就关于赋予妇女和女孩权力。SDG5：**性别平等**。

妇女创造大不同：
联合国妇女署的案例研究

以下两个例子揭示了赋予妇女权力并让她们参与到灾后恢复工作中的重要性。

©粮农组织/Luca Tommasini

厄瓜多尔

灾害可以为挑战传统的性别规范开辟空间。妇女常常主动担任社区领袖，召集邻居们一起行动。她们能扮演传统意义上的男性角色，清理废墟或进行重建。2016年厄瓜多尔发生强烈地震，房屋和建筑物被震垮，该国就出现了这种情况。通过一项以工代赈计划，联合国妇女署对女性进行了石匠和建筑工作的培训，很快，她们就重建了一个社会修复设施和一系列社区中心。例如，35岁的卢卡斯·梅洛（Lucas Melo）身着硬帽和靴子，十分自在。危机发生前，她从未在外面工作过。如今，她是养家的人。

资料来源：联合国妇女署。

© 联合国妇女署/Romina Garzón

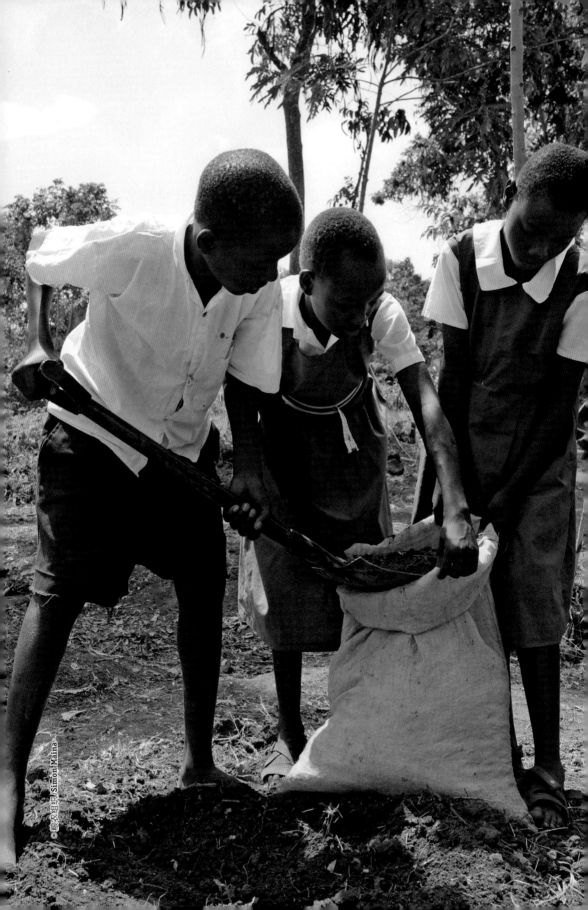

第四章

采取行动

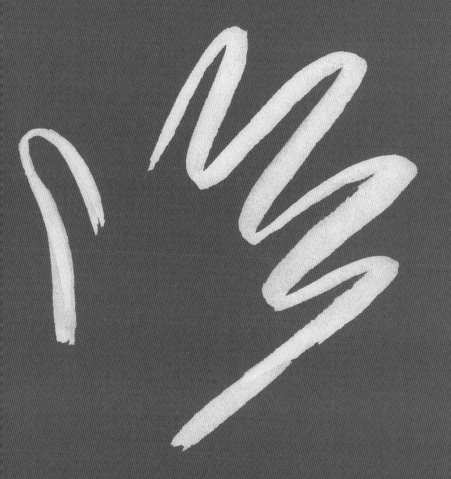

我们已经了解到灾害如何造成广泛破坏，并可能损害一个国家未来数年的发展。现在，是时候了解一些好消息了。世界各地的许多人和组织都在努力减轻灾害风险，并为此做着大量工作。更棒的消息是，从社区到家庭再到个人，每个人都可以贡献一份力量。没错，你也可以参与其中！让我们来学习如何做到这一点。

4.1 人人都能有所作为

以下是每个人都能采取的实操步骤，以便更安全地应对致灾因子。

做好准备

无论可能出现哪种致灾因子，每个家庭都应该采取下列安全预防措施：

* 制定全面的家庭应急规划。你是否订阅了当地的应急警报和预警？你有疏散和避难计划吗？你将如何与家人沟通？如果你和家人走散了，你们将在哪里汇合？了解更多提示请访问www.ready.gov/make-a-plan。准备一个应急包，包内装有水、防腐食品、手电筒和急救包。红十字会推荐的清单可在网站www.redcross.org/get-help/how-to-prepare-for-emergencies/survival-kit-supplies.html上找到。
* 将保暖衣物、基本药物和贵重物品与应急包一起装入防水袋。

* 将重要文件和个人证件（如护照和出生证明）放在安全的地方，如果你需要匆忙离开，你可以迅速地将其与应急包一道带上。

* 确定一条逃生路线，每个人都要演练。如果你们走散了或者从不同的地方赶来，要商定一个集合地点。无论发生山洪还是火灾，每个人都应该知道最快从室内安全撤离的方法。

* 在家中清晰列出一份应急电话号码单。

* 如果你需要离家避难，只有确保自身安全且在条件允许的情况下，才能带着宠物和牲畜离开。如果不能，为之提供充足的食物和水，将它们转移到更安全的地方。

* 通过短信、电子邮件和社交媒体，订阅当地政府的紧急警报和建议。

* 离家避难，请关闭电源、水和煤气，不要忘记带移动电话。

* 熟悉你所在地区最可能出现哪类致灾因子，并学习如何具体备灾。

* 安排自己和家人接受急救和心肺复苏培训。确保每个人都学会游泳。

失败：没有做好准备的人，就是在准备失败。

本杰明·富兰克林

创造你的安全"世界"

居家

有几种方法可以增强家庭和生活方式对致灾因子的御灾力。请针对所在地最易出现的致灾因子，和父母共同做出必要的改变。

©Pixabay/J.Lloa

洪水

洪水备灾

- ✓ 查看当地的防洪防汛计划或高风险地区的详细信息。
- ✓ 向当地权威部门询问应急逃生路线及疏散中心。
- ✓ 做好房屋防水工作。
- ✓ 将个人文件、贵重物品和重要的医疗用品放入防水箱。

洪水来临前

- ✓ 在门窗上建立防洪屏障。
- ✓ 卷起地毯，将家具、电子产品和贵重物品移至高处。
- ✓ 关掉总电闸，拔掉所有电源。
- ✓ 确保将化学品放在高处。
- ✓ 固定好容易移动的物品。
- ✓ 无论人员去留，都要在马桶和各排水孔处放好沙袋。
- ✓ 如果留在家中，请移步至高处或留在高处。
- ✓ 确保家中有逃生路线，能应对水位不断上涨的情况。

> 请牢记，有些家庭因为没有逃生路线，在水位上涨时被困丧生。

✓ 如果离家避难，请锁好房门并通过所在地推荐路线逃生。

✓ 避免徒步或驾车在洪水中穿行，如果不得不这样做，先用棍子探测水深，然后沿道路中间行进，以免被路边的排水孔吸走。

✓ 远离高压电线和普通电线。

✓ 受到污染的洪水会损害身体健康，**切勿饮用**，并且：

● 确保有足够水资源及供应品；把所有容器都装满干净的水，甚至浴缸也要装满；

● 把自来水煮沸到可以安全饮用；

● 不要食用任何被洪水污染的食物；

● 触碰洪水后把手彻底洗净。

一场飓风摧毁了整个沿海村庄，而后，孟加拉国新建了这一"御灾村"。

©联合国开发计划署/Nasif Ahmed

地震

地震备灾

- ✓ 和父母商量请专家测评房屋是否能够抵御地震。
- ✓ 确保所有房屋都不会有物品从高处坠落：固定装置和装饰品是否摆放妥当？镜子和照片是否悬挂在远离床椅的位置？书架是否牢固？卧床或者座椅是否与窗户拉开了安全距离？床架上是否没有重物？
- ✓ 确保出口处没有障碍物，可以正常打开。
- ✓ 将危险物品（化学药品、易燃物等）存放于安全处。
- ✓ 尽量将电视、微波炉等设备固定在架子上，如果可以，将它们安装在墙上。
- ✓ 知道器具的应急开关位置。
- ✓ 和所有家人练习"伏地、遮挡、手抓牢"。

伏地！

遮挡！

手抓牢！

- ✓ 在家中、工作地和学校各个房间（家具下方或远离窗户的高墙下）挑选安全区域。

地震发生时

如果在室内：

✓ 双手和膝盖伏地。

✓ 用手臂遮挡头和脖颈，保护自己免受掉落碎片的伤害，并尽快爬到远离窗户的坚固桌子下，抓牢，坚持到地震结束。

✓ 如果附近没有坚固的遮挡物，爬到内墙附近，远离玻璃、窗户、外门和墙壁，以及其他可能坠落的东西，如灯具和家具。

✓ 如果在床上，不要动，待在床上，用枕头护住头。

✓ 如果闻到煤气味，尽快离开并尽可能远离房屋。

如果在室外：

✓ 找一处地方，远离墙壁、建筑、树木、所有高空建筑结构、桥梁、电线等设施，伏地待好，不要乱跑或靠近建筑。

✓ 如果在车里，放慢速度，把车开到一个安全的开阔地带，躲在车里，系好安全带，等待地震结束。采取下一步措施前，收听收音机以获取建议，小心滑坡、坠落的电线，以及损坏的道路、立交桥和桥梁。

地震后

如果被困在废墟之下：

✓ 用衣服掩住口鼻。

✓ 不要尖叫，因为这样做会吸入灰尘。

✓ 敲击管道或墙面，以便救援人员定位，并在听到救援队伍的声音时放声大喊，这是最后的求救手段。

2012年11月7日危地马拉太平洋沿岸发生7.4级强烈地震，震后，当地派遣工作人员对受损建筑进行评估。因为市政当局采取了适当行动，所以地震仅造成了轻微损坏。此外，美国国际开发署资助项目提供的培训、技术援助和应急设备，使社区有组织，也有能力应对地震。

四　采取行动

©Pixabay/Angelo Giordano

火灾

火灾备灾

✓ 为自己和家人安排火灾安全培训。

✓ 将灭火器、防火毯、水和沙子放在手边。

✓ 学习使用应对不同火灾的各种灭火器：有的灭火器含有清水，有的灭火器成分包含泡沫、干粉、二氧化碳或潮湿的化学品。

✓ 知道何时可用沙子和水扑灭小型火灾：沙子可以将小型火灾的燃烧物与氧气隔绝，从而将其熄灭，用水冷却也可以灭火。但是，不能用水扑灭油火，实际上，用水扑灭油火非常危险，因为油会被水蒸气裹挟，导致火势进一步蔓延。

✓ 安装家用烟雾报警器，尤其是在厨房、卧室和走廊，并定期检查。

✓ 保持门口、走廊和过道畅通。

✓ 确保所有电器和电线状态良好。电源插座不要过载，因为电器出现故障可能会导致火灾。

✓ 注意：暖气、炊具、香烟、打火机和火柴等热源也可能导致火灾。

✓ 确认预先规划的逃生路线。

✓ 确认预先规划的安全集中点。

\>\>

野火备灾

✓ 确保存储国家应急电话号码、当地消防部门电话号码或公园服务电话号码，如果发现无人看管或失控的火灾，请联系他们。

✓ 切勿点火后不闻不问，保证睡前或离开露营地前用水搅拌灰烬至冷却，将火彻底熄灭。

✓ 在户外不要随处丢弃烟头、火柴和其他在燃材料，尤其是还没熄灭的材料。

✓ 避免出于农业目的燃烧森林或农用地。

✓ 避免进行废物焚烧。

野火发生时

如果你恰好在野火附近：

✓ 立即撤离。如不能撤离，也不要试图与大火比拼速度，而要找一个池塘或河流，躲进去等待。

✓ 如果附近没有水源，请寻找植被少的低洼区域或岩石床，躺在地面上，并用潮湿的衣物、毯子或土壤盖住身体，保持低位，等待火灾结束。

✓ 不要紧贴地面呼吸，如果可能，用潮湿的布掩住口鼻，尽量不要吸入烟尘。

✓ 如果你正在开车，请摇起车窗并关闭通风口。由于烟雾会降低能见度，请打开前照灯慢慢行驶。

如果家中发生火灾：

✓ 尽量不要恐慌并告知家中所有人。

✓ 使用预先规划的逃生路线，尽快让所有人离开建筑物。由于烟雾向上方飘散，所以要保持低位或者在地板上匍匐前进，这样更易于呼吸新鲜空气。

✓ 拨打国家应急电话并请求消防救援服务。

✓ 如果可以，把着火的房门关闭，并在离开途中关闭身后每一扇门（以延缓火势和烟雾蔓延的速度）。

✓ 打开紧闭的门之前，先用手背感受门的温度，如温度过高就不要开门，高温是因为门后有火。

不要返回建筑物内部：

✓ 找到预先规划的安全地点，远离建筑，等待消防救援。

✓ 如果有人尚在室内，告诉消防员并提供详细信息。

✓ 不要返回火灾发生地，如果返回，不仅会妨碍消防工作，也会危害生命！

如果衣物着火：

✓ <u>待在原地</u>，移动或奔跑会加大火与空气的接触面并使火势恶化。

✓ <u>趴到地上</u>，如果站起来，火势会蔓延到脸部。

✓ 在地面上缓慢<u>打滚</u>，如果可能，在地毯上打滚，直到火焰熄灭。

✓ 如果可以，结合以上三步，使用灭火器扑灭火灾。

✓ 出现一至二级烧伤时，尽快用水进行<u>冷却</u>处理。

1	2	3
停下！	趴下！	打滚！

案例研究

　　孟加拉国的拉那和埃米尔在当地贫困社区担任消防服务志愿者，遏制了火灾的发生和蔓延。

　　拉那（就读于11班）是个男孩，他住在孟加拉国达卡的杰特拉巴里贫困地区，由于大多数房屋都是锡制屋顶，而且人们几乎都用木头生火做饭，这就增加了房屋失火的风险，导致当地极易发生火灾。火灾发生时，家具甚至整个房子都会迅速起火燃烧。拉那所在的社区，就曾有一名女性在火灾中丧生。2009年，拉那决定加入减轻灾害风险志愿者活动，此后，他活跃于各种宣传活动和不同会议中，并用宣传信息装饰墙面。

　　14岁的埃米尔和拉那来自同一个贫困社区，他是儿童组织的成员，也是贫困社区的志愿者。埃米尔的住处十分拥挤，狭窄的过道到处充满了木头、金属和劣质材料。消防员甚至很难在发生火灾时到达指定位置。埃米尔住的地方于1997年被一场大火全部烧毁，重建后又于2010年再次被部分烧毁。埃米尔自2009年以来始终致力于减轻灾害风险活动并接受消防服务志愿者训练，正因为这项训练，他在其他39名参与急救和消防安全培训的贫困社区志愿者的协助下，成功救出了一名残疾人。他们的宣传活动也对居民生活产生了积极影响（例如，人们现在会在厨房放置水和沙子防止火灾，而且所有人，不论老少，都能牢记消防电话）。2021年，埃米尔所在的社区再次发生火灾，不同的是，这次火灾没有蔓延，因为居民们已经知道如何应对火灾了。

资料来源：儿童减轻灾害风险行动，
联合国国际减灾战略署，2012。

海啸

海啸备灾

✓ 避免在离海岸线几百米范围内建造房屋或居住。

✓ 如果你住在沿海地区，了解该地区发生海啸的风险，并设法将房屋的地基抬高。

✓ 请工程师检查房屋，并就如何使其更具御灾力提出建议。

✓ 注意预警信号：地震、来自海洋的巨大轰鸣声、不寻常的海洋变化（如突然涨潮或突然退潮露出海底）。

✓ <u>如果你担心海啸来临，不要犹豫，尽快前往远方高地。</u>

去高地

海啸发生时

✓ 在地震中保护自己：趴在地面上，用手臂遮住头部和颈部，抓牢任意一个坚固的家具，直到摇晃停止。

✓ 摇晃停止后，召集家庭成员，按照备灾计划进行疏散。海啸可能会在几分钟内到来。

✓ 远离海滩。千万不要下水观看海啸来袭。

✓ 远离掉落的电线、建筑物和桥梁。

✓ 前往高处、尽可能远地向内陆转移。最好到达海拔100英尺（30米）及以上或距离海洋2英里（3.2公里）的地方。

✓ 如果你在水里，抓住能使你浮于水面的东西，如木筏、树干等。

»

✓ 如果在船上，面朝海浪的方向行驶。

海啸发生后

✓ 收听当地政府的警报，了解需要避开的地方和避难点。

✓ 不要回家，除非政府官员告诉你这样做是安全的。海啸的浪潮可能持续数小时，下一个浪潮可能比上一个更危险。

✓ 远离水中的碎石。

✓ 小心触电，如果电气设备上有水，或者你站在水里，不要触碰电气设备。

✓ 远离受损建筑、道路和桥梁。

✓ 不要打电话，以防占用应急电话，除非出现危及生命的情况。

资料来源：联邦紧急事务管理局（FEMA），《做好海啸备灾（2018）》。

案例研究

2004年海啸期间，因为蒂莉（10岁）了解海啸的先兆迹象，她从泰国海滩救出了100名游客。

蒂莉·史密斯是一个10岁的英国女孩，在与父母和妹妹飞往泰国度假前不久，她曾和地理老师研究过海啸。正因如此，在泰国海滩，她很快识别出海啸来临的迹象，并在2004年12月26日海啸发生时，设法从泰国海滩救出了100名游客。

看到海水开始冒泡，地平线上的船只开始剧烈地上下摇晃，海浪突然开始退去时，蒂莉很快意识到他们正处于危险之中。她提醒母亲，大家必须立即离开海滩，这可能是一场海啸。她解释说，她在学校刚刚完成了一个关于巨浪的项目，从种种迹象来看，几分钟之后就会发生海啸。他们提醒其他度假者和酒店工作人员进行疏散。几分钟后，海浪退去，没有人因此丧生或严重受伤。

"这确实很好，了解海啸或其他自然致灾因子，以防自己身处陷阱却还茫然不觉。我非常高兴自己能够在海滩上说，海啸即将来临。而且我很高兴大家听了我的话。"她说，那时的大海正在"汩汩冒泡"，这"跟我在地理课上学到的一模一样。"

青年与联合国全球联盟学习和行动系列

雪崩

雪崩备灾

✓ 注意雪崩的高风险预警迹象：

  - 近期发生过雪崩；

  - 积雪发出噼啪声、阻塞声或呼啸声；

  - 过去24小时内大量降雪；

  - 强风；

  - 升温。

✓ 在风险地区，佩戴雪崩救援信标（发射脉冲无线电信号告知主人位置的小型装置）。

✓ 学习如何正确使用雪崩安全设备。

✓ 远离（30°~ 45°）陡坡，特别是在斜坡下面。

✓ 设置实时雪崩警报提醒。

✓ 一定要结伴出行。

雪崩发生时

✓ 当你看到雪崩朝着你的方向移动，试着跑离它的移动路径（与它垂直）。

✓ 如果雪崩从你脚下开始，试着跳到上坡或者跳到断裂线以上的坚固地面。

✓ 抓住结实的东西，如树枝或岩石，使自己保持平稳，固定在某个地方。

- ✓ 匍匐到雪崩的顶端，避免被困在碎石下面。
- ✓ 尽量把一只手举过头顶，方便救援人员发现你的位置，并帮助自己确定方向，开始向上发掘。
- ✓ 一旦你停止运动，用双手捂住嘴，留出一小块呼吸空间，避免窒息。
- ✓ 吸入空气充填肺部，使胸腔得到更大的呼吸空间。
- ✓ 吐口水，注意口水受到重力而喷射的方向并朝着反方向挖掘。
- ✓ 保持冷静，避免呼吸加快，以防狭小的呼吸空间充满过多有毒的二氧化碳。

资料来源：美国国家地理杂志，《雪崩安全提示/旅游休闲，如果你被卷入雪崩的路径，该怎么办（2018）》/国家气象局，《雪崩安全（2018）》。

©Flickr/Ari Bakker

案例研究

阿卜杜勒拉赫曼（AbduRahman）用其所学，帮助他的家庭和所在社区应对塔吉克斯坦雪崩。

阿卜杜勒拉赫曼和他的家人生活在塔吉克斯坦高山上的一个小村庄，其住处位于一个长坡的底部，在冬季特别容易遭受雪崩。了解到这一风险后，阿卜杜勒拉赫曼始终关注着他家上方的雪量，并采取行动，为应对雪崩做好准备。他准备了一个装有身份证、现金和疏散计划等基本物品的手提袋，并将其送到远离危险区域的邻居家。由于参加了备灾培训，他对风险有了更多的了解，也因此做了更多的准备。上一场雪崩就发生在距离其住所几公里外，幸亏他将他的家人全部转移到了安全区。阿卜杜勒拉赫曼现在仍在他的村子里组织培训，将学到的知识传授给那些无法参加备灾会议的人。

资料来源：普拉卡什，《关于满足塔吉克斯坦村民将应对灾害风险知识应用于实际的报告》，欧洲公民保护和人道主义援助行动（2018）。

案例研究

专业滑雪者伊利斯靠应用雪崩生存技巧而被救援人员发现并救出。

伊利斯·萨格史塔是一名专业滑雪者，曾被困在美国隧道溪的雪崩中。她和一群朋友在滑雪，忽视了雪崩高风险迹象。

被雪覆盖后，她无法控制自己的身体，无法区分上下方向。雪在移动时，像是一种液体，像岩浆一样厚，但当雪停止移动时，立即冻结成固体，禁锢了它所裹挟的一切。

"大约一分钟后，溪床将碎石带到一片缓缓倾斜的草地上。伊利斯感觉雪的速度变慢了，就试图把她的手放在面前。她在雪崩安全课上学过，伸出手可能会刺破冰面，提醒救援人员。她还知道，如果受害者最终被埋在雪下，放在脸前的双手可以为嘴和鼻子提供一小块空间。她仰面朝天，头朝下坡。护目镜已经不见了，雪重重压住胸口，腿不能动。一只靴子上还绑着滑雪板。头被锁在冰里，她无法抬头，但可以看到天空。松散的雪覆盖着她的脸，她的手也伸出了雪面。她的手像挡风玻璃雨刷一样，试图把雪从嘴里弹出去。当她用手抓胸部和脖子，雪渣又疯狂地滑到她的脸上。她渐渐产生了幽闭恐惧症。

放松呼吸，她告诉自己。不要惊慌。会有人来救援的。她凝视着低沉的灰色云层。她在下山时没有注意到这些噪声。现在，她突然被这种寂静所震撼。由于伊利斯应用了自己曾经学到的有关在雪中生存的技巧，救援人员发现了她，她获救了。

干旱

干旱备灾

- ✓ 让节水措施成为日常生活的一部分。
- ✓ 修理和改造管道以减少漏水。
- ✓ 修理不停滴水的水龙头。
- ✓ 如果你自己种植作物，重新制定种植计划：
  - 种植耐寒的本地草木、植物/作物和树木。
  - 在春季或秋季种植，因为春秋季节降雨较多，灌溉需求可能较低，但是要根据你所在的地理位置适当调整。
  - 寻找收集雨水的方法。
  - 遮盖土壤或植物的根，使土壤保持水分并抑制杂草生长。
  - 采用滴灌方式浇灌植物和树木。

干旱期间

- ✓ 节约用水（如收集洗脸水或者洗碗水，在家里再次使用，如用来冲厕所）。
- ✓ 缩短淋浴时间，减少洗澡次数。
- ✓ 下雨时尽可能多收集雨水。
- ✓ 注意所在地区的用水限制。
- ✓ 注意发生野火的风险。

资料来源：Mannino N.，《如何在干旱期间保护自己》，
The Hartford extra mile (2017)。

乌干达鲁巴加莫（Rubagon）的降雨量很高（＞1 200毫米），然而这个地区是丘陵地带，坡度很陡，雨水渗透少，而且地下水位很低。雨水流向下面的山谷，造成山上缺水、水土流失，破坏道路等基础设施。为缓解缺水状况，在鲁巴加莫建造了屋顶雨水收集系统。这个系统只需要一个铁制屋顶、集水沟和一个地下水箱。该系统为家庭带来了一个便利的新水源。

→ 了解更多信息，请访问：www.fao.org/3/a-au290e.pdf。

青年与联合国全球联盟学习和行动系列

山体滑坡

山体滑坡备灾

- ✓ 熟悉你周围的土地，了解其风险以及当地是否曾发生过山体滑坡。
- ✓ 遵循正确的土地使用程序，避免可能加剧土壤不稳定性的工作，如在斜坡上挖洞或在陡峭的斜坡上排空水池的水。
- ✓ 避免在陡坡、山边、排水沟附近或在受到自然侵蚀的山谷边缘建造房屋。
- ✓ 观察附近山坡上的雨水排放模式。
- ✓ 一旦发现异常情况，如地块出现裂缝、斜坡出现凸起或凹陷、岩石滑坡或异常的渗水，立刻向市政当局报告。
- ✓ 在斜坡上种植地面覆盖物，并尽可能建造挡土墙，以保护财产。
- ✓ 在狂风暴雨中，保持警觉和清醒。
- ✓ 收听当地新闻台的强降雨预警。
- ✓ 聆听异响，这可能表明有碎片正在移动，例如树木开裂或巨石碰撞。

山体滑坡发生时

- ✓ 如果你怀疑危险迫在眉睫，立即撤离，并设法通知受影响的邻居和公共工程、消防或警察部门。

✓ 尽快远离山体滑坡的路径。河道附近和长时间大雨中，泥石流的危险会增加。

✓ 远离河谷和低洼地带。

✓ 过桥前先观察上游情况，如有泥石流逼近则要停止过桥。

✓ 如果在溪流、河道附近，留意突然增加或减少的水流，并注意水质是否由清澈转为浑浊。

✓ 如果无法逃脱，尽量团成球状，用手和手臂保护头部。

✓ 如果在室内，转移到滑坡对面的位置，躲在坚固的家具下，并牢牢抓住固定物体，直到滑坡彻底结束。

滑坡过后

✓ 远离发生过滑坡的区域，因为可能会有并发滑坡的危险。

✓ 收听当地收音机播报或观看当地电视台以获取最新应急信息。

✓ 小心滑坡过后的洪水。

✓ 检查滑坡附近是否有受伤及受困人员，但不要直接进入危险区域施救，请引导救援人员到达他们的位置。

✓ 寻找受损的公用管线及损毁的路段和轨道，并向当地权威部门汇报。

✓ 检查建筑物地基、烟囱和周围土地的损毁程度，以确定该地是否安全。

✓ 尽快将受损的地面重新铺平，缺失地面覆盖物而导致的侵蚀可能会在不久的将来引发山洪，或再次引起滑坡。

资料来源：实现解决方案，《滑坡或泥石流：灾前、灾中及灾后（2018）》。
美国红十字会，《滑坡安全（2019）》。

2010 年 5 月，热带风暴阿加莎在危地马拉（Guatemala）的吉拉尔达村降下暴雨，引发山体滑坡。由于一名村民参加过美国国际开发署组织的学习与培训，虽然这场灾难中有几所房屋被毁，但没有发生死亡事件，这位积极参与项目培训的村民在风暴和山体滑坡之前发现了滑坡预警迹象，并将邻居们从村庄陡坡上疏散。

火山爆发

火山爆发备灾

- ✓ 尽量远离活火山。
- ✓ 如果居住在活火山附近，请了解所在区域的火山爆发风险并随身备好护目镜和口罩。
- ✓ 了解撤离路线。

火山爆发时

- ✓ 收听当地电台，了解最新应急信息和指示。
- ✓ 根据当地权威部门建议进行撤离，以避免熔岩、泥石流、飞石及碎石。
- ✓ 如不想离开，请关闭门窗、堵住烟囱和其他通风口以防止灰烬进入房间。如果可能，把屋顶上可能造成重压的灰尘扫掉。换上长衣长裤。
- ✓ 如要离开房屋，请佩戴护目镜或眼镜（不要戴隐形眼镜），并戴上应急口罩或用湿布捂住脸。
- ✓ 换上长衣长裤。
- ✓ 远离火山下游的河域、低洼地区以及与火山爆发方向相同的地区，因为风和重力会带来碎石和灰尘。
- ✓ 待在不会再次发生火灾的地区。
- ✓ 不要开车，因为火山爆发的灰尘会损坏车辆引擎和金属部件，如果一定要开车，请把车速控制在每小时35英里（56公里）以下。

资料来源：《美国国家地理》，火山安全贴士。
美国红十字会，火山安全贴士。

案例研究

2018年海地的基拉韦厄火山喷发，在这场灾难中，公共卫生应急准备（PHEP）培训最大程度降低了灾难对社区健康的影响

2018年5月3日，海地的基拉韦厄火山爆发，但当时社区已经做好准备，防灾办公室派遣公共卫生小组对受到火山影响的居民暂住的避难所进行健康与安全风险评估，同时还监测岛上空气质量，并通过社交媒体及卫生部门咨询网页，上传、更新空气质量和其他关键卫生信息。卫生部门还设立了物资分发点，以便在灾害期间快速按需分发药物和其他物资，包括分发52 000个微粒过滤口罩，避免居民吸入火山灰。尽管制止火山爆发是不可能的，但我们可以为应对各种紧急情况做好准备，最大化降低灾难对社区的卫生影响。

资料来源：疾病控制和预防中心，《公共卫生应急准备在火山爆发期间帮助确保居民安全 (2019)》。

热带风暴：飓风 / 台风 / 旋风

热带风暴备灾

✓ 如果你居住在有热带风暴风险的沿海地区，请定位安全避难所并确定前往避难所的路线。

✓ 注意天气情况。

✓ 时刻了解当地灾难警报、预警和公共安全信息。

✓ 如果身处热带风暴风险区域，请通过以下做法加强家庭保护：

- 用临时胶合板或其他类型黏合材料封闭窗户和其他开口；

- 固定户外物品进行或将其带入家中；将车辆、工具、家具等其他设备存放在地下室；

- 用带子和夹子把屋顶牢牢固定起来。

✓ 确保房屋没有潜在碎片或电线、古老的大树等高空坠物。

✓ 尽可能多储存水，以防常规供水中断。

热带风暴发生时

✓ 在坚固的建筑物或房间内寻找避难处，如果可能，选择没有窗户的地方避难。

✓ 避免开车或外出，因为强风会将周围的东西吹跑。

✓ 做好一切准备并在接到通知时迅速撤离。

✓ 出现以下情况一定要撤离：

- 处于临时或可移动的建筑中；

- 住在风力更大的高层建筑内；

- 位于海岸线、河流或溪流等大片水域附近；
- 位于有洪水风险的低洼处。

✓ 记住：沉寂期（一段平静的时期）通常表明位于风暴中心，而非风暴的终结；

✓ 等待当地权威部门宣布危险结束后再外出；

✓ 警惕可能出现的致灾因子，例如电线和树木倒塌、建筑受损、洪灾区、河流泛滥和高浪。

资料来源：《美国国家地理》，飓风安全贴士。

© 美国国家航空航天局地球观测站

案例研究

孟加拉国博杜阿卡利县当地的儿童组织 Mim Abason 用表演短剧、传唱和模拟演习的方式减轻了热带风暴的影响。

2013年，热带风暴马哈森登陆博杜阿卡利县，风速高达90公里/小时，并伴有大雨。马哈森摧毁了45 000多所房屋及多间学校，造成了极大危害；据估计，有128 000公顷农田被洪水淹没。尽管如此，仅有45人丧生。

Mim Abason 是博杜阿卡利县当地的儿童组织，成立该组织是为了提高人们的备灾意识。17岁的穆克塔和14岁的穆罕默德是该组织的领导者，他们在社区举办活动，向成人和孩子宣传疏散至避难所的重要性。马哈森最终来临时，已有100万人们做了如上事情。了解所在村庄的风险并采取行动进行应对也十分重要。暴风雨预警发布后，穆克塔和她的朋友们搬到了附近的避难所。"我们在那里待了两天，一直听收音机"，她说，"我们还唱歌并表演短剧。旋风不强升一旗，4～6级升两旗，如果三旗要升起，快去避难所躲避"。而模拟演习则帮助孩子们了解如何应对早期预警，孩子们还接受了急救培训。

自2011年以来，计划和南非伙伴关系始终支持类似博杜阿卡利县的备灾工作，并得到欧盟人道主义办公室的资助。博杜阿卡利县的孩子们传递出响亮明确的信息：所有备灾和减轻风险的方式必须以儿童为中心。

保障居住地、工作和游玩场所的安全

现在让我们看看如何保障自己生活场所的安全。

国际社会在做什么？

国际社会愈发意识到学校要远离致灾因子。这样做不仅能保证学生和老师的安全，还可以防止教育中断，将孩子留在学校，继而远离剥削和痛苦，并增强国家的整体御灾力。

保障校园安全主要取决于三个方面：

1

安全的校园设施

这意味着采用具备灾害御灾力的设计和构造以保证学校场地安全。

2

校园灾害管理

与教育局和本地社区学校（包括儿童及其家长）协作，使其识别、了解能影响社区学校的各种致灾因子，筹备**早期预警系统**并采取其他备灾措施。

3

减轻灾害风险和御灾力教育

开展减轻灾害风险教师培训，开发减轻灾害风险的**气候智能型**优质学习材料，并将减轻灾害风险纳入学校课程。

你能做什么？

* 与老师及学校管理层开会探讨你的担忧。

* **为学校安排安全设施检查。**

* 如果学校尚未制订应急和疏散计划，请与老师和学校管理层进行讨论并制订计划。

* 确定一个合适的避难区域。

* 组建一个应急管理团队，确保每位队员都清楚自己在应急情况下的职责，例如，谁负责照顾年幼的孩子，谁负责帮助残疾人等。

* 制订一份沟通计划并确保每位队员都知道彼此的联系方式。

* **安排教工和学生进行培训，教会他们应对各种致灾因子、急救和心肺复苏知识。**

* 确保学校配有急救箱。

* 公布应急计划，让尽可能多的学生、教师和家长知道这项计划。

* 如果学校尚未进行定期应急演习，请与老师和管理层提议此事。

　　联合国儿童基金会和欧盟委员会联合进行了一项研究，提出了一系列旨在提高校园安全的问题以供教工参考。

住所安全

无论你居住在村庄、小镇、城市，或是其他地方，你都应该主动了解当地存在的致灾因子风险，学习最佳的应对措施。与社区成员合作以提升御灾力，可参考以下几点：

你了解自己所面临的风险吗？

你所在区域可能出现哪些致灾因子？在特定致灾因子出现时，哪些区域受到的影响最大？你可以考虑绘制一幅风险地图，可参阅下图获取提示。

离你最近的避难所在哪里？

如果需要离家避难，你需要知道离你最近的避难所的位置。

早期预警系统在哪里？

你所在的社区是否安置了早期预警系统？系统是否经过检测？人们是否知道系统的存在？

一线救护人员是谁？

应急情况下的一线救护人员包括警察、消防员和医护人员。你居住的区域是否有训练有素的一线救护人员？你需要他们提供帮助和培训吗？如果需要的话，请找到他们的联系方式。

是否组织社区应急演习？

与邻居或者社区成员组织应急演习，这或许是个在灾害发生时保证每位成员安全的好办法。

绘制风险地图

需要
的物
品

- 一张大纸或一块空白的黑板、白板或墙面
- 钢笔：可能会用到不同的颜色
- 胶带或者胶水：把绘制在纸上的风险地图悬挂起来

1 绘制一幅你所在社区、村庄或者城镇的地图，绘制出你停留时间最长的地方，比如家和学校。

2 绘制自然地标，例如，河流和运河、山脉和陡坡或海岸线，以及主要的基础设施（道路、桥梁、隧道）和重要公共建筑（消防站、火车站、医院、警察局、发电厂），以及存在潜在致灾因子的建筑（化工厂）。

3 绘制好风险地图，你就成为一名灾害风险侦探了！找出社区的潜在致灾因子，分组采访社区的人——当地记者、灾害管理官员以及包括家人、朋友在内的每一个人，互联网和图书馆也是很好的信息来源。请回答下列问题：

- ✳ 你所在的社区、村庄、城镇有哪些潜在致灾因子？如果出现某种致灾因子，哪些区域受到的影响最大？
- ✳ 你所在的地区发生过哪些灾害？哪些区域受到的影响最大，为什么？
- ✳ 你所在的社区是否有各种致灾因子的风险地图？如果有，社区居民是否曾经接受询问？风险地图上是否包括气候变化带来的风险变化？

4 接下来，标记存在一定风险的区域和建筑物。不同学生小组可以研究不同的致灾因子场景（比如小洪水和大洪水）。

- ✳ 你是否经常在有风险的地区活动？
- ✳ 你的学校是否位于风险区域？

青年与联合国全球联盟学习和行动系列

5 接下来，请围绕脆弱性展开讨论：

* 什么使你周围人更脆弱？
* 什么使你所在地区的某些区域、建筑或者基础设施更脆弱？
* 你的社区发生了哪些加剧脆弱性的活动？

6 标记出灾害发生时，那些滞留了大量可能需要帮助的人的建筑物和地区，例如，学校、社区中心、养老院和医院。

7 接下来，思考负载力。标记对灾害应对至关重要的建筑物和基础设施，例如，疏散路线、安全区域、医院、消防站等，讨论这些设施的受灾风险程度，以及灾害发生时人们前往这些区域的可能性。

8 你完成了风险地图！你可以用它做很多事情：向你的老师、家人和消防人员等展示。在社区中展示风险地图。然后开始讨论你所在的社区如何着手减轻灾害风险，以及如何做好更充分的准备。思考如何识别在灾害中更脆弱的人员，以及如何确保他们的安全。儿童或青年可以帮助他们做什么？

资料来源：《减轻灾害风险学生指南》。

你已经学习了如何使你的家庭和学校在灾害中更安全，以及出现致灾因子时如何行动。

还有一些行动可以从总体上减轻灾害风险，以下是一些想法。

传播宣传

应对灾害风险的另一种途径是传播抗灾意识。你可以在社区组织一次活动，撰写一篇博文，或者仅仅是与亲友谈论"减轻灾害风险"。徽章课程的"采取行动"部分提出了一系列的想法和建议。

联合起来

合作是减轻灾害风险的绝佳途径。了解你所在地区是否有当地小组开展减轻灾害风险工作，也许你可以志愿加入小组或者参加小组活动。

在社交媒体上，你可以关注很多全球性的组织和活动，分享你的故事和照片，在线加入讨论，了解他们是否在附近地区举办活动。你可以从每年10月13日举行的国际减灾日开始行动。

让我们为减轻灾害
风险行动起来！

4.2 全世界的努力

实现减轻灾害风险目标涉及多种因素。不仅需要提高相关知识技术以建立更具御灾力的社区，还需要政治意愿和承诺、机构协调以及相关人员之间的良好沟通与协作。幸好，国际社会正在关注减轻灾害风险，目前已制定若干重要协定和行动计划。

《2005—2015年兵库行动框架（HFA）：建立抗灾国家和社区》

2005年，各国领导人、国际机构和灾害专家通过了《2005—2015年兵库行动框架》。该框架在日本兵库县举行的首次会议上提出，第一次解释、描述、详细说明了公众能够为减少灾害损失所做的事情。该框架概述了优先行动事项，以及构建抗灾能力的指导原则和实际途径。该框架旨在通过建立抗灾国家和社区，到2015年大幅减少灾害损失，即减少致灾因子造成的伤亡和社会、经济、环境资产的损失。

《2015—2030年仙台减轻灾害风险框架》

2015年，在日本仙台举行的会议上，各国政府和其他相关行动者通过《仙台减轻灾害风险框架》，以接替《2005—2015年兵库行动框架》。《仙台框架》有效期长达15年，是自愿参与、无约束力的国际协议。该框架承认国家在减轻灾害风险方面的主要作用，同时强调地方政府、私营公司和其他国家应该共担责任。其目标是："大幅减轻灾害风险和人员、企业、社区和国家在生命、生计和健康以及经济、物质、社会、文化和环境资产方面的损失"。该框架提出，到2030年实现以下七大目标：

1. 大幅降低全球灾害死亡率；

2. 大幅减少全球受灾人数；

3. 减少灾害带来的直接经济损失；

4. 减少重要基础设施包括卫生和教育设施的受灾损害程度；

5. 到2020年已制定国家和地方减轻灾害风险战略的国家数目大幅度增加；

6. 促进与发展中国家的国际合作；

7. 大幅增加人们可获得和利用多危害预警系统以及灾害风险信息和评估结果的机会。

资料来源：联合国国际减灾战略署。

国际气候变化协议 ————————————————————

开展减轻灾害风险行动意味着要应对**气候变化**，《联合国气候变化框架公约》（UNFCCC）是国际应对气候变化的正式公约。近年来，《联合国气候变化框架公约》成员国（"缔约方"）就一项普遍协议进行了激烈谈判，该协议规定，所有国家都将对**温室气体减排**负有一定责任和具体目标。谈判全年都在进行，特别是在每年年底的缔约方大会上。缔约方大会是世界气候变化最高决策论坛。2015年12月，195个缔约方齐聚第21次缔约方大会（COP21），通过了具有里程碑意义的《巴黎协定》。《巴黎协定》具体说明了全球平均气温增幅控制在2℃之内的途径，并规定了如何从2020年开始解决温室气体排放的**减灾、适应和资金**问题。自2016年4月22日（地球日）以来，该协定已开放供各国政府签署。

保护生态系统并利用其力量抵御自然灾害是减轻此类灾害风险的关键途径。如右图所示，孩子们正在卡莫特群岛种植红树林树苗。

©Sandra Gatke/Plan International/Plan Asia

《联合国防治荒漠化公约》

1994年，联合国大会通过了《联合国防治荒漠化公约》（UNCCCD），这是一项有关干旱、荒漠化、森林砍伐和气候变化影响等问题的国际协定。

可持续发展目标

2015年9月25日，世界各国领导人通过了《2030年可持续发展议程》，其中包括17个可持续发展目标，旨在到2030年消除贫困，减少不平等和不公正，应对气候变化。

你想深入了解可持续发展目标吗？或是更想看漫画呢？没想到吧，你可以在漫画中学习：www.comicsunitingnations.org/comics。查看本书的前几个章节，深入学习本挑战徽章训练手册中具体涉及的可持续发展目标。

你可能已经注意到，全书不时提及减轻灾害风险行动与实现可持续发展目标的关联。事实上，17个目标都与减轻灾害风险息息相关。如果经济增长和社会进步继续遭到灾害的破坏，那么可持续发展目标就无法实现。

第一章
致灾因子和灾害

在1.01和1.02中选择一项必选活动，并至少完成一项自选活动。完成本章节"致灾因子和灾害"活动后，你将能：

* 了解什么是致灾因子和灾害。
* 了解灾害的影响以及导致人群脆弱的原因。

从以下两项必修活动中
任选其一：

1.1 了解致灾因子。与一位队友选择一种致灾因子进行研
级别 究。你对洪水、地震、海啸或火山感兴趣吗？任选一个，
③ 对其进行全面了解。这种致灾因子为何会出现？它在全
② 球出现的频率是多少？常见于哪些地方？会造成何种损
① 害？你知道哪些备灾和减轻灾害破坏的实例吗？请在组
内分享彼此的发现。了解更多关于自然灾害的信息，请
访问：www.ourworldindata.org/natural-disasters.

1.2 居住地附近的致灾因子和灾害。调查你的居住地常见哪
级别 种致灾因子。查阅你所在村庄或城市的历史，如果曾有
③ 致灾因子出现，哪些致灾因子最为频发？你所在的社区
② 是如何应对的？是否有过灾害？如果你所在地区不曾受
① 到致灾因子的影响，就把调查范围扩大到你所在的国家。
与人们交谈并查阅你所在地区的历史。人们是否觉得气
候变化使近年来的致灾因子愈发严重了？致灾因子的出
现是否存在地理或气象原因？准备一张海报，补充时间
线、照片和你所在地区出现的致灾因子及可能导致的灾
害的相关信息。

目标提示
这项活动有助于实现"气候行动""可持续城市和社
区""陆地生态"等可持续发展目标。

从下面列表中选择
至少一项选修活动：

1.3 **最可怕的致灾因子。**你认为哪种致灾因子最可怕？地震、飓风、

级别 ● ● ①

干旱还是其他致灾因子？你为什么觉得它最可怕？你能发明一

种超能力让自己安全地远离它吗？组成小组，分享想法。

1.4 **文化中的致灾因子。**在文化中，是否有与致灾因子相关的特殊

级别 ● ② ①

信仰或习惯？例如，有些文化认为，灾害是神的惩罚，因此并

不试图阻止灾害；而其他文化中则有农民认为，出于宗教原因，

处于农时却不下地耕作，才会导致作物歉收。了解更多信息请

访问：www.ifrc.org/world-disasters-report-2014，然后了解你所

在地区与自然致灾因子和灾害有关的信仰、传说或传统。可以

向家长、祖父母、老师或图书管理员寻求帮助。制作一本图画

书来呈现你的发现。

1.5 **制作火山模型。**自制火山模型不仅有趣，还有助于了解火山

级别 ❸ ② ①

的形成。火山模型的制作方法，请访问：www.learning4kids.

net/2012/04/11/how-to-make-a-homemade-volcano/。在你全心投

入制作时，可以发掘一些有趣的火山知识。例如，你知道火山

既能使地球变暖，也能给地球降温吗？请访问如下链接查看原

因：www.theguardian.com/environment/2011/feb/09/volcanoes-

climate。

减轻灾害风险徽章训练课程

1.6 **灾害原因**。任选一个导致灾难的原因，贫困、环境退化、缺乏警觉意识等，进一步了解该原因如何造成了世界各地的灾难，然后互相采访对方学到了哪些知识。不妨试试视频采访，将采访制成视频合集。

级别 ③②①

 目标提示
这项活动有助于实现"消除贫穷""优质教育""陆地生态"等可持续发展目标。

1.7 **流离失所**。你知道吗？自2009年以来，每秒都有人因灾难而背井离乡。（资料来源：境内流离失所问题监测中心）你注意过居住地发生的变化吗？居住地人口是迁入多还是迁出多？如果你认识因灾害或**气候变化**而背井离乡的人，不妨问问他们为什么要离开家乡。如果你居住的地方没有灾民或气候难民，那么可以选择一个曾受到人口迁徙影响的国家，尝试回答以下问题：导致该国人口迁出的原因是什么？迁入地是哪里？迁出人数有多少？做一个演示来分享你的发现。

级别 ③②

 目标提示
这项活动有助于推动实现"气候行动"的可持续发展目标。

1.8 **刻不容缓**。根据风速和破坏性，飓风被划分为五级。请查找各级的飓风的风速范围。科学家如何测量风速？历史上哪次飓风破坏性最大？风速是多少？造成了哪些损害？你能为抵御飓风做哪些准备？创建一个网页或PowerPoint演示文稿，与班级同学或家人分享你的研究成果。

级别 ③②

1.9 **脆弱群体**。研究低收入群体、妇女和儿童等较为脆弱的特定群体。为什么他们更为脆弱？请查找例子和数据，证明灾害对这些群体的影响比对其他人更大。准备一页幻灯片，在班级或组内展示你的发现。

级别 ❸

目标提示
这项活动有助于实现"消除贫困""优质教育""性别平等""缩小差距"等可持续发展目标。

1.10 经老师或领队同意，可以开展其他活动。

级别 ❶ ❷ ❸

减轻灾害风险徽章训练课程

一致灾因子和灾害

第二章
减轻风险

在2.1和2.2中选择一项必选活动，并至少完成一项自选活动。

完成本章节"减轻风险"活动后，你将能：

★ 了解减轻灾害风险的重要性。

★ 知道各国防灾、减灾和备灾的方法。

从以下两项必修活动中
任选其一:

2.1 户外勘察。居住地附近有你喜欢的自然景点吗? 你喜欢去
级别 ③ ② ① 河岸、森林还是徒步旅行景点? 组队前往那里, 尝试了
解致灾因子出现时, 该地区有哪些潜在的脆弱性。查看
该地区的树木是否已被砍伐? 土壤是健康的还是已经受
损的? 河流是否曾引发洪水? 采取了哪些防洪措施? 将
上述信息做好笔记并且拍照记录。将你的发现制作成一
张大海报, 在学校走廊或当地图书馆等公共场所进行展
示。

目标提示
该活动有助于实现"气候行动""陆地生物"等可持续发
展目标。

2.2 加强房屋建设质量。制作一个对各种致灾因子具有御灾
级别 ③ ② ① 力的"超级建筑"模型。可以使用泡沫板、黏土、纸浆
或其他你喜欢的材料。你的建筑有哪些特点使之具有御
灾力? 是它的材料、结构, 还是特别的装置、配置和预
警机制? 发挥你的想象力, 建造一个"超级建筑。"

> **级别1** 参与者应在监督下使用剪刀等锋利工具。

从下面列表中选择
至少一项选修活动：

2.3 最喜欢的动物。你最喜欢哪种动物？为什么？写一则小故事，说说你最喜欢的动物是怎样遭遇自然致灾因子，又是如何保护自己的。

级别 ●●①

2.4 做好准备。致灾因子出现时，除了家里和学校，你认为还有哪些地方比较安全？是你经常和朋友还有家人逛街的地方吗？公园、图书馆，还是城镇或村庄的广场？这些地方若要更好地应对致灾因子，你认为还应该采取哪些措施？

级别 ●②①

目标提示
该活动有助于实现"可持续城市与社区""陆地生物"等可持续发展目标。

2.5 问答。如果地球板块是移动的，为什么一个地方会反复发生地震？闪电是怎样引发野火的？思考并记录你对致灾因子和减轻灾害风险相关的全部问题，然后邀请一位自然灾害领域的专家向你的小组讲解自然致灾因子的相关知识，并就相关问题向专家提问，最后将该过程制作成视频，与亲友和同学分享。

级别 ③②①

2.6 你问我答。分为两个小组，一组提问灾害对全球人类的影响，另一组列举灾害带来的风险和减轻灾害风险的方法。比如：每年有多少人遭受灾害？哪三种因素会增加灾害风险？然后两组互相评分，看哪一组答对的问题最多。

级别 ③②①

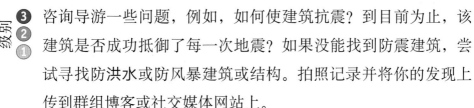

2.7 预防地震。找到你所在地区的防震建筑，安排一次团体旅行。

级别 ❸❷❶ 咨询导游一些问题，例如，如何使建筑抗震？到目前为止，该建筑是否成功抵御了每一次地震？如果没能找到防震建筑，尝试寻找防**洪水**或防**风暴**建筑或结构。拍照记录并将你的发现上传到群组博客或社交媒体网站上。

2.8 计算风险。研究灾害风险计算公式：

级别 ❸❷

$$风险 = 致灾因子 \times 暴露度 \times 脆弱性$$

这个公式是什么意思？如何将其应用于现实情况？进行灾害案例分析，研究该如何计算风险。用幻灯片展示你的研究。

2.9 做出适应气候变化的改变。如你所知，气候变化会增加灾害风险。你所在地区是否也受气候变化影响？向当地科学家和研究人员或者社区的老年人咨询，在过去几年中是否发现天气模式的变化。为了适应气候变化、提高御灾力，你所在的社区采取了哪些措施？组成小组，准备一张你家乡的地图，标注具体的气候行动。把地图张贴在学校里显眼的位置。

级别 ❸

目标提示
该活动有助于实现"气候行动"这一可持续发展目标。

2.10 经老师或领队同意，可以开展其他活动。

级别 ❶❷❸

第三章
灾后恢复

在3.1和3.2中选择一项必选活动，并至少完成一项自选活动。

完成本章节"灾后恢复"活动后，你将能：

* 了解灾后恢复包括哪些内容。
* 意识到灾后恢复是一项长期、庞大的工作。

从以下两项必修活动中
任选其一：

3.1 专家访谈。走访你所在地区的应急小组（ERT），包括消
级别 ③②① 防员、警察、医护人员等。采访内容包括：是否参加过
灾害救援工作？如参加过，工作中最大的挑战是什么？
怎样才能更容易地开展工作？人们怎样做才能保护自身
安全？能否给你的小组提一些安全方面的建议？然后思
考一下你所了解到的知识。关于他们的工作场所，你对
哪些方面感兴趣？你想加入应急小组吗？不妨将你的想
法和采访内容一起以照片或视频的形式发表在博客上，
与家人和朋友分享。

3.2 珍惜生态系统。自然致灾因子会极大破坏地球的生态系
级别 ③②① 统。比如，海啸会破坏珊瑚礁、红树林，甚至会导致物
种入侵。野火或洪水则会破坏树木和植被。制作一幅画
或一张海报，介绍致灾因子是如何影响某一特定生态系
统的，以及如何帮助该系统进行灾后恢复。

目标提示
该活动有助于实现"水下生物""陆地生物"等可持续发
展目标。

从下面列表中选择
至少一项选修活动：

3.3 **超级英雄**。灾后救援人员如同超级英雄，他们救人、灭火、帮助孩子找到父母，并为人们提供食物、水和药品。围绕灾后救援人员，创作一则故事或漫画。写一写或画一画救助人们的超级英雄的超能力。

级别 ❶

3.4 **众志成城**。每个人，包括孩子在内，都应参与到灾后恢复的工作中。如果有人问你的想法，你会说什么？怎样才能更好地重建你的房子、你的学校或整个家园？你能做出哪些改变？

级别 ❷ ❶

3.5 **分享故事**。你经历过致灾因子或灾害吗？是什么样的致灾因子呢？你所在的社区是否采取措施以减少破坏？这些灾害对你有影响吗？你和你所在的社区是如何恢复的？即使没有遭受过任何损失，但你也可能会在灾后感到不安或焦虑。把你的经历、应对方式和灾后恢复等内容与组内成员分享。如果你本人从来没有受到过致灾因子的影响，那就读一本关于其他孩子经历灾害的故事书，并将这本书讲述给其他成员。比如《海啸的故事：摧毁祖母房子的洪水、可怕的地震和大象哭泣的夜晚》（*The Flood that Came to Grandma's House, Earthquake Terror, and The Night the Elephants Cried—A Story of the Tsunami*）。你也可以咨询你所在学校或当地图书管理员。

级别 ❸ ❷ ❶

减轻灾害风险徽章训练课程

3.6 **女性视角**。跟你身边的女性（妈妈、祖母、阿姨、姐妹）谈谈灾后恢复和**重建**的话题。对于长期的灾后恢复，她们有哪些想法？作为女性，哪些变化会使她们的生活更加容易——不同类型的建筑或**基础设施**、更好的财务保护（如保险），或者仅仅是更好地参与到灾后恢复与重建工作中？不妨收集一些照片和其他材料，制作一个可以在学校展示的彩色拼贴画。也可以收集一些创意、案例和照片（给那些愿意出镜的人拍照），比较一下女性的想法与男性家庭成员的想法有何不同？

级别 ③ ② ①

目标提示

该活动有助于"性别平等"的可持续发展目标。

3.7 **挖掘灾害信息**。找一个搭档组队，挑选世界上任意一个地方，研究该地最近的一次灾害，研究灾害发生的原因并分析灾后恢复工作。这个地方的恢复工作用时较短还是用时很长？为什么选择这个案例？灾后恢复工作是否遵循**减轻灾害风险**准则？如果是，请举例说明。如果不是，基于减轻灾害风险的原则，提出建议以便其更好地进行灾后恢复工作。如有必要，可以咨询专家。准备一个深度专题，向相关杂志社或期刊投稿。

级别 ③ ②

目标提示

该活动有助于实现"可持续城市和社区""陆地生物""气候行动""和平、公正与强大机构"等可持续发展目标。

3.8 **施以援手**。以减轻灾害风险为目标，灾后恢复工作包括：发达
国家为发展中国家提供资金、技术和能力建设方面的支持。如
果你来自发展中国家，写一篇报告，描写你的国家最需要哪些
援助。如果你来自发达国家，你认为你的国家应该怎样帮助发
展中国家？

级别 ❸ ❷ ⬤

目标提示
该活动有助于实现"促进目标实现的伙伴关系"这一可
持续发展目标。

3.9 **理智投资**。国际社会认为，创新性灾害风险融资和保险解决方
案有助于帮助各国和社区开展灾后恢复工作。研究现有方案，
并制作一个清晰易懂的报告。关于创新性灾害风险融资，你还
有其他想法吗？跟小组成员分享，并试着在社区的灾害相关活
动中进行展示。

级别 ❸ ⬤ ⬤

3.10 经老师或领队同意，可以开展其他活动。

级别 ❶ ❷ ❸

采取行动

在4.1和4.2中选择一项必选活动，并至少完成一项自选活动。

完成本章节"采取行动"的活动后，你将能：

* 组织并参与社区减轻灾害风险的活动。

* 呼吁其他人一起加入减轻灾害风险的行动！

从以下两项必修活动中
任选其一：

4.1 设立社区宣传日。在你的社区所在地设立减轻灾害风险意

级别 ❸❷❶ 识宣传日。准备海报、传单和小册子在宣传日活动中分

发，这些材料应该宣传减轻灾害风险的重要性，描述该

地区可能出现的致灾因子，给出备灾建议。讨论可持续

发展目标，并解释它与减轻灾害风险的关系。邀请消防

员、护林员或医疗应急人员参加宣传日活动，介绍工作

内容并提供安全建议。你可以在以下网址找到可持续发

展目标的资料：http://ow.ly/DupR30fKgmA。

目标提示
这项活动有助于实现所有可持续发展目标。

4.2 检查住宅。环顾房屋四周，确定已做好致灾因子备灾。

级别 ❸❷❶ 你有应急规划吗？你有急救箱吗？你的房屋是否安装了

烟雾探测器、灭火器或其他安全装置？列出全部备灾方

案，召开家庭会议，给每个人分配任务。

目标提示
这项活动有助于实现"消费和生产""气候行动""水下
生物""陆地生物"等可持续发展目标。

从下面列表中选择
至少一项选修活动：

4.3 校园颂歌。你为什么最喜欢上学？去上学的时候，你最喜欢做的事情：见朋友？学新知识？写家庭作业？想象一下，如果学校毁于灾害，你不能再上学了，你最怀念什么？如果你什么都不怀念，那又是为什么？写一篇主题为"如果一场灾害中断了你的学业，你有什么感想"的文章并分享给父母和老师。

级别 ①

4.4 进行测试。准备10道与备灾相关的试题，例如：为什么我们被告知火灾时要从楼梯逃生而不是从电梯逃生？为什么**地震**时要远离窗户？让家人答卷，看看每个人成绩如何，或许还可以给最高分数获得者颁发奖品。

级别 ② ①

4.5 连续30天，每天做一件保护环境的事情。一件事情可以小到离开房间时关灯，大到种植一棵树。每件事都能发挥作用！你可以采取哪些行动支持减轻灾害风险？写日记记录你采取的每一个行动，如果你愿意，还可以附上照片或图画。30天后重新分组并比较你们的日记。是否有人想到你没想到的事情？与其他人相比，你更喜欢哪些行为？哪些是你已经养成习惯，即使挑战结束后，还会继续做的事情？这些活动是如何帮助减轻灾害风险的？谈谈你的看法。

级别 ③ ② ①

没有家长监督的参与者不应与陌生人线上交流。

4.6 **社区联络**。创建一个社区博客、社交媒体群或时事简报，用于发布减轻灾害风险的信息，重点在于**防灾**、**减灾**和**备灾**应对居住地区可能发生的致灾因子。思考哪些可持续发展目标在你的所在地尤为重要，并解释它们与减轻灾害风险的关系。邀请亲友、同学和老师加入群组，分享想法，保持联络。

级别 ③ ② ①

目标提示
这项活动有助于实现"促进目标实现的伙伴关系"这一可持续发展目标。

4.7 **筹集资金**。你知道吗？世界上有近四分之一的儿童生活在冲突或灾害频发的国家。（资料来源：联合国儿童基金会）通过向联合国儿童基金会（www.unicef.org）或救助儿童会（www.savethechildren.org）等机构捐款，你可以提供很多帮助。在学校或社区组织一次筹款活动，如烘焙义卖、抽奖、诗朗诵、电影之夜或艺术展。把善款捐给你选择的慈善机构，帮助受灾害儿童。

级别 ③ ② ①

4.8 **游说与准备**。查看《仙台减轻灾害风险框架》的四个重点行动。你所在地区如何才能更好地执行？你在提高社区意识、增强技术能力、提升治理和制度，以及获取更多减贫成果等方面取长补短。准备一场演讲，假设你要去说服资助者和决策者，每个人都要进行小组展示。

级别 ③ ②

目标提示
这项活动有助于实现"消除贫困""优质教育""气候行动""和平、正义与强大机构"等可持续发展目标。

4.9 **提出建议**。将减轻灾害风险纳入发展工作，你所在的社区、城镇、村庄或城市是否做的充分？就如何将减轻灾害风险更好地纳入**基础设施**、教育课程、公众意识或其他领域提出建议，然后向相关部门或决策者提出建议，为了得到更大反响，你可以向当地或国家的报社邮寄信件。记住在信件顶端标明地址和日期，在信中反映当地问题是一个好主意。

级别 **3** ●●

目标提示
这项活动有助于实现"和平、正义与强大机构"这一可持续发展目标。

4.10 经老师或领队同意，可以开展其他活动。

级别 ❶ ❷ ❸

检查表

使用本检查表跟进你正在进行的活动。在证明自己完成了活动后，你将获得一枚减轻灾害风险挑战徽章！

参与者姓名: ....

参与者年龄: ① 5~10岁　② 11~15岁　③ 16~20岁

	活动序号	活动名称	完成日期	审批人（签字）
一 致灾因子和灾害				
二 减轻风险				
三 灾后恢复				
四 采取行动				

减轻灾害风险挑战徽章训练手册　　177

资料

及其他信息

随时更新

本挑战徽章是由青年与联合国全球联盟及其伙伴共同开发的补充资源和活动之一。获取更多资源请访问：www.fao.org/yunga；订阅免费新闻请发送电子邮件至：yunga@fao.org。

给我们写信

我们很想聆听你进行挑战徽章的经验！你尤为喜爱哪些方面？你对活动有什么新想法？请将材料寄给我们，以便我们向其他人提供这些材料，并就如何改进课程收集想法。邮箱：yunga@fao.org；推特：https://twitter.com/UN_YUNGA 和脸书：www.facebook.com/yunga.un。

证书以及布制徽章

发送电子邮件至yunga@fao.org获取证书和布制徽章，奖励自己完成课程！证书免费提供，你也可以自费购买布制徽章。小组也可以打印布制徽章；青年与联合国全球联盟会根据要求提供模板和图形文件。

网站

　　以下网站提供有用的教育材料，包括课程计划、实验、文章、博客和视频，在你的班级或小组一起完成挑战徽章时，这些材料会非常有用。

　　"你应该知道关于减轻灾害风险的10件事情"，该动画视频由人道主义实践网（Humanitarian Practice Network）制作，涵盖丰富的信息，能够帮助你进一步学习什么是致灾因子、灾害、减轻灾害风险以及这与气候变化有怎样的联系。

　　美国红十字会提供了一些关于如何应急情况的有用提示，例如：

- 家庭防火与安全：www.redcross.org/get-help/how-to-prepare-for-emergencies/types-of-emergencies/fire.html

- 飓风安全：www.redcross.org/get-help/how-to-prepare-for-emergencies/types-of-emergencies/hurricane.html

- 野火安全：www.redcross.org/get-help/how-to-prepare-for-emergencies/types-of-emergencies/wildfire.html

- 地震安全：www.redcross.org/get-help/how-to-prepare-for-emergencies/types-of-emergencies/earthquake.html

- 冬季风暴安全：www.redcross.org/get-help/how-to-prepare-for-emergencies/types-of-emergencies/winter-storm.html

- 洪水安全：www.redcross.org/get-help/how-to-prepare-for-emergencies/types-of-emergencies/flood.html

- 浏览应急资源库：www.redcross.org/get-help/how-to-prepare-for-emergencies/types-of-emergencies.html

英国红十字会拥有大量资源，年轻人可以了解更多与天气有关的应急事件。

枕套工程是美国红十字会、全球备灾中心和迪士尼的合作项目，旨在为学龄儿童做好备灾准备：www.preparecenter.org/activities/pillowcase-project-preparing-Students-disaster。

气候变化数字地图由联合国儿童基金会制作，可以让你了解灾害如何影响世界各地的社区，以及这些社区所采取的积极措施。

气候变化，即刻行动！（*Climate change take action now!*）是当地儿童和青年的行动指南，尤其关注女性儿童与青年：www.ifrc.org/Global/Publications/youth/AYCEOs_climate-change_take-action-now_EN.pdf。

CUIDAR旨在增强儿童、青年人和城市的御灾力，帮助救灾人员更有效地满足儿童和青年人的需要。例如，观看"变革灾难规划——通过以儿童为中心的方法"CUIDAR国际电影。

地质致灾因子教育（*Education for geo-hazards*）是一个面向儿童和年轻人的网站，帮助他们了解如何在度假时幸免于难。

全球减轻灾害和灾后恢复拥有关于世界各地减轻灾害风险的博客、数据和信息图表：www.gfdrr.org。

例如，《灾害风险管理十年进展》对灾害风险管理的情况进行了概述：https://www.gfdrr.org/en/publication/10-decade-progressdisaster-risk-management。

IGGYVOLA：救助儿童会出版的《携手减轻风险》。这是一本面向儿童的关于减轻灾害风险和气候变化的工作资料手册。

国际减灾日于每年的10月13日举行。国际减灾日的背景信息、故事和事件：www.unisdr.org/disasterreductionday。

让我们学会防灾！讲述让儿童参与到减轻风险中来的有趣方法：www.unisdr.org/files/2114_VL108012.pdf。

《美国国家地理（儿童版）》提供有趣的信息：

- 飓风　www.kids.nationalgeographic.com/explore/science/hurricane/#hurricane-aletta.jpg
- 地震　www.kids.nationalgeographic.com/explore/science/earthquake/#earthquake-houses.jpg
- 洪水　www.kids.nationalgeographic.com/explorer/science/flood/#flood-house.jpg
- 海啸　www.natgeokids.com/au/discover/geography/physical-geography/tsunamis 以及其他致灾因子。

环境和减轻灾害风险伙伴关系（Partnership for Environment and Disaster Risk Reduction）生态系统适应能力和减轻灾害风险伙伴关系，提供各种在线课程，例如，"灾害和生态系统：气候变化御灾力"自2015年以来已有超过12 000名学员。获取有关本课程和其他课程的更多信息：www.pedrr.org/activities/massive-open-online-course。

想象抗灾干预（Picturing Resilience Intervention, PRI）是一种群体干预，可以在灾难、社区危机或其他挑战发生后，提高青年的御灾力和应对技能。参与者在不同会议上使用相机拍摄照片，并在最后的想象抗灾干预展览中进行展示：www.preventionweb.net/educational/view/62864。

防灾网是一个减轻灾害风险的知识平台，提供主题广泛的新闻和信息，包括儿童、青年、教育和学校安全等：www.preventionweb.net。

准备抵御野火提供了关于如何准备抵御和随时了解野火的小提示：www.readyforwildfire.org。

国际救助儿童会（SCI）面向儿童制作的家庭抵御灾难活动计划手册，该手册关注三大主题：

（1）了解自己面对的危险；

（2）减少自己面对的危险；

（3）做好准备应对致灾因子的影响。

活动手册英文版：https://resourcecentre.savethechildren.net/node/14384/pdf/family_disaster_plan_activity_book_eng_2017.pdf。

中文、西班牙语和印地语版：www.preventionweb.net/educational/view/63572。

联合国儿童基金会旨在帮助处于灾害等危急情况下的儿童和家庭：www.unicef.org/what-we-do#unicef-emergencies。

例如，它还通过使用移动应用程序和在线平台"青年之声"来帮助青年绘制灾害地图对其所在社区带来的影响。

在"青年之声"网站上，你可以上传自己的博客文章，也可以学习制作视频。

联合国减轻灾害风险办公室是致力于全球减轻灾害风险工作的联合国机构：www.unisdr.org。

联合国国际减灾战略署的"阻止灾害游戏"是由合作伙伴PlayerThree推出的一款模拟游戏，其中包括海啸、洪水、地震、飓风和野火等五个场景，分为三种难度等级。玩家会得到一笔初始资金，游戏对玩家分配任务，玩家需要在指定时间内完成任务，令小镇在灾害来临前具备御灾力。已有数百万玩家观看该款游戏。

联合国妇女署正致力于促进性别平等方面减轻灾害风险的工作：www.unwomen.org/en/what-we-do/humanitarian-action/disaster-risk-reduction。

世界气象组织有一个专门的青年网站，提供关于**致灾因子和灾害**的各种有趣事实和信息：http://youth.wmo.int/categories/natural-hazards。

每年11月5日的世界海啸意识日，提高了全球的预防**海啸**意识：www.unisdr.org/2017/tsunamiday。

Y-ADAPT是气候中心为年轻人设计的课程，包括一些游戏和有趣的活动：www.climatecentre.org/resources-games/y-adapt。

词汇表

充足的（Adequate）：如果说某种东西是"充足的"，那就是说它数量足够，或者它的质量是合适或者可接受的。如果说某种东西是"不足的"，那就是说它数量不够，或者它的质量是不合适或无法接受的。

人为致灾因子（Anthropogenic Hazard）：由人类造成的致灾因子。

大气层（Atmosphere）：围绕着地球的一层混合气体。

雪崩（Avalanche）：大量的雪、冰和岩石从山坡滚下来。

生物多样性（Biodiversity）：地球上所有动植物的种类及其关系。

重建更好未来（Build Back Better）：包括灾后恢复、修复和重建阶段减轻灾害风险的措施，以提高御灾力。

碳足迹（Carbon Footprint）：个人或群体由于消费，尤其是能源消费（比如交通运输、电力、供暖、制冷和烹饪）所产生的温室气体排放的集合。碳足迹是指以二氧化碳当量为单位计算的温室气体排放量（用特殊公式计算）。

气候（Climate）：指一个地方每天经历的天气的长期平均值或整体情况。它是长期（30年或更长时间）温度、降雨量、风等其他条件的总体状况表现。

气候变化（Climate Change）：地球气候的总体变化（如温度和降雨量）。它是由自然原因（如火山爆发、洋流和太阳活动的变化）和人为原因（如燃烧化石燃料）共同造成的。

适应气候变化（Climate Change Adaptation）：做好准备应对气候变化，并采取行动将其可能带来的损害和破坏降到最低。

气候智能规划（Climate Smart Planning）：解决气候变化带来的风险与影响的规划。

应急规划（Contingency Plan）：各级政府、组织、社区或个人确定致灾因子类型并了解如何备灾。

旋风（Cyclone）：高速旋转的大型风暴。飓风、旋风和台风是一样的，只是不同地方对这些风暴的称呼不同。

退化（Degradation）：环境退化是指破坏空气、水源、土壤生态系统和栖息地，以及使野生动物灭绝所导致的环境退化（或恶化）。

森林砍伐（Deforestation）：破坏整片森林或部分森林（例如砍倒或者燃烧树木）使用木材（例如造纸或家具）或者将土地另作他用（例如经营农场或建造房屋）。

荒漠化（Desertification）：因气候变化和人类活动等各种因素造成的干旱地区土地退化的现象。荒漠化会破坏自然生态系统，降低农业生产力。

灾害（Disaster）：一件猝不及防的事情，会扰乱人们的正常生活并造成巨大的破坏和损失。

灾害风险（Disaster Risk）：特定时期内可能因灾害带来的死亡、受伤、破坏或损害。

灾害风险管理（Disaster Risk Management/DRM）：管理灾害风险，包括防灾、减灾、备灾工作，以及将减轻灾害风险纳入灾后恢复工作。

减轻灾害风险（Disaster Risk Reduction/DRR）：预防和减轻

自然致灾因子带来的影响以及提高备灾能力。

干旱（Drought）：长时间降水异常偏少，造成水源短缺现象。

早期预警系统（Early Warning System）：复杂的监测和预测致灾因子并发布预警信息的系统，以便人们能够采取行动保护自身。

地震（Earthquake）：由于地壳运动，地面突生剧烈震动，有时会造成巨大破坏。

生态系统（Ecosystem）：生物（动植物）和非生物（水、空气、土壤、岩石等）在一定区域内相互作用的群体。生态系统没有明确的大小。一个生态系统可以小到一个水坑，大到整个沙漠。归根结底，整个世界就是一个大的、非常复杂的生态系统。

生态系统功能（Ecosystem Services）：人类从生态系统中获得的所有惠益。

传染病（Epidemic）：在特定时期内某一区域广泛传播的传染性疾病。

侵蚀（Erosion）：因雨水、风、冰、重力等自然过程或人类活动造成的地球表面的磨损。

暴露（Exposure）：在危险区，面临风险的人及其所属物的数量。

突发性洪水（Flash Floods）：典型的由暴雨引起的局部洪水。

洪水（Flood）：水量迅速增加，淹没平地。

洪泛区（Floodplain）：容易发生洪水的河流的低洼地区。

粮食不安全（Food Insecurity）：当人们无法获得足够且安全有营养的粮食供应，或者没有足够的消费能力来维持其生存和健康时，就会出现粮食短缺的情况。这可能是由无法获得食物、贫困或浪费造成的（资料来源：联合国粮农组织）。

粮食安全（Food Security）： 任何人在任何时候都能得到或者买到维持其生存和健康所必需的、足够且健康有营养食品的一种状态（资料来源：联合国粮农组织）。

化石燃料（Fossil Fuel）： 由古代生物的遗骸制成的燃料，需要数百万年才能形成，比如煤和石油。

淡水（Freshwater）： 自然形成的不含盐分的水（例如江河湖泊中的水）。

地质学家（Geologist）： 地质学家专门研究地球的构造和形成机制。

地质致灾因子（Geographysical Hazard）： 与地球结构相关的活动所带来的致灾因子。

治理（Governance）： 治理者治理国家、管理城市和公司的方式。

重力（Gravity）： 地球中心吸引的一切力量。

温室气体（Greenhouse Gases）： 地球大气层中吸收太阳热量并保存一部分热量的气体。这会使地球表面变暖，但大气中温室气体太多会引起气候变化。

国内生产总值（Gross Domestic Product/GDP）： 一个国家一年内生产商品和提供服务的总值。

飓风（Hurricane）： 高速旋转的大型风暴。飓风、旋风和台风是一样的，只是不同地方对这些风暴的称呼不同。

水文致灾因子（Hydrological Hazard）： 与流水及供水相关的极端现象。

基础设施（Infrastructure）： 一个社区或社会有效运转所需的基

本设施、服务和配置，如交通系统、供水供电以及学校和邮局等公共机构。

入侵物种（Invasive Species）：其他地域的物种（包括动物、植物）被有意或无意地引入某地，侵袭原生物种，对原生物种栖息地和生物多样性产生负面影响。

山体滑坡（Landslide）：大量的岩土等物质从斜坡上倾泻而下。

岩浆（Magma）：产生于地壳下面或地壳深处的热流体或半热流体物质。

营养不良（Malnutrition）：因食物摄入不足或饮食不平衡无法维持基本身体机能的一种状态。

气象致灾因子（Meteorological Hazard）：由极端天气引起的致灾因子。

减灾（Mitigation）：减少灾害造成的损害程度。

自然致灾因子（Natural Hazard）：由天气或地壳活动等因素引起的伤害人类或破坏环境的自然现象。

核能（Nuclear Energy）：由岩石和海水中的金属铀通过核反应释放的一种能量。

营养物质（Nutrients）：动植物生存和生长所需的化学物质。

营养（Nutritious）：有营养的食物提供足够数量的必需营养物质，使我们的身体能够健康地运转、生长和发展。

有机园艺或农艺（Organic Gardening or Farming）：一种仅用天然营养物质和虫害防治方法，而不使用化学杀虫剂和肥料的农艺或园艺类型。

防灾（Prevention）：确保致灾因子不会演变成灾害。

辐射（Radiation）：释放能量的过程。

突发性致灾因子（Rapid-onset Hazard）：由危险事件引发的突发性或意想不到的致灾因子。

重建（Reconstruction）：按照可持续发展和"重建更好未来"的原则，重建受灾社区所需的弹性基础设施、服务、住房和生计，以避免或减轻未来灾害风险。

灾后恢复（Recovery）：按照可持续发展和"重建更好未来"的原则，恢复或改善受灾社区或社会的生计和健康，以及经济、物质、社会、文化和环境状况，以避免或减轻未来灾害风险。

修复（Rehabilitation）：受灾社区或社会的基本服务和设施的重建。

御灾力（Resilience）：应对危险事件并从其影响中迅速恢复的能力。

加固（Retrofitting）：对现有建筑结构进行加固或升级，使其更具御灾力。

卫生（Sanitation）：通过垃圾收集和废水处理（如通过污水处理系统）等服务，保持干净卫生的条件以预防疾病。

地震仪/地震图（Seismometers/Seismograph）：测量和记录地震震幅和持续时间等细节的仪器。地震仪有时也能探测到地震即将发生的时间。

渐发性致灾因子（Slow-onset Hazard）：随时间推移逐渐出现的致灾因子。

可持续发展（Sustainable Development）：实现包容性的发展，

不消耗自然资源并持续满足子孙后代的需要。

可持续发展目标（Sustainable Development Goals/SDGs）：为消除贫困、保护地球、促进共同繁荣，国际社会商定的未来15年将要实现的17个目标。

来源可持续（Sustainably Sourced）：在生产时考虑到环境和社会影响的产品。例如，生产来源可持续的纸品不需要开发森林，它们通常产自可回收材料。

技术致灾因子（Technological Hazard）：科技相关事故引发的人为致灾因子。

海啸（Tsunami）：通常由海底地震或火山爆发引起的海洋巨浪。

铀（Uranium）：用于生产核能的一种金属。通常存在于岩石甚至海水中。

植被（Vegetation）：某一地区的植物和树木。

火山（Volcano）：地球表面的一个口（通常在山上），气体、热岩浆和火山灰会从这里喷发［资料来源：《美国国家地理（儿童版）》］。

脆弱/脆弱性（Vulnerable/Vulnerability）：易受伤害和破坏。

废水（Wastewater）：已经使用且不再干净的水。

湿地（Wetlands）：由草本或林木类沼泽组成的土地。

野火（Wildfire）：在荒野或农村地区迅速蔓延的大型破坏性火灾。

你的笔记

资料及其他信息

致谢

非常感谢致力于将减轻灾害风险挑战徽章变为现实的所有人。

我们要特别感谢参与本书的各组织，以及世界各地所有热情的导游、童子军、学校团体和个人，他们仔细认真地对徽章的初稿进行了试点和审查。

我们同时特别感谢 Saadia Iqbal、Tamara van't Wout 和 Lea Walravens 编撰此手册。我们还要感谢 Stephan Baas、Olga Buto、Sarah Graf、Rebeca Koloffon、Suzanne Redfern、Reuben Sessa 和 Sophie Von Loeben，感谢他们对本手册的投入和贡献。

本手册是在青年与联合国全球联盟协调员和粮农组织青年联络员 Reuben Sessa 的协调和监督下编写的。

飓风　风暴
侵袭　高度

类　别

类　别

类　别

类　别

附录

《减轻灾害风险挑战徽章训练手册》适用于：

⚠ 地震

⚠ 火灾

⚠ 海啸

⚠ 洪水

⚠ 干旱

⚠ 雪崩

⚠ 热带风暴

⚠ 火山爆发

这个附录是专门设计的，旨在快速查验如何对不同的危害采取抵御灾害风险行动。针对特定的地点和需要，可以对此进行扩充。

一般性准备工作信息

- ✓ 了解所在地区可能发生的致灾因子类型。
- ✓ 订阅当地的应急警报和预警。
- ✓ 了解你所在国家应急电话。
- ✓ 制定一个家庭应急/疏散计划。
- ✓ 确定居家逃生的路线。
- ✓ 商定失散后集合地点。
- ✓ 准备一个应急箱或（防水）背包，储存例如水、防腐食品、手电筒、急救包、衣服、基本药物、贵重物品等物资。
- ✓ 将重要文件和个人文件放置在安全的地方，便于随时取用。
- ✓ 保存一份应急电话号码。
- ✓ 获得急救培训。

青年与联合国全球联盟学习和行动系列

地震

灾前

✓ 请专家测评房屋抵御地震的能力。

✓ 确保屋内没有易坠物品。

✓ 确保出口通畅。

✓ 将危险物品（化学药品、易燃物等）存放于安全处。

✓ 确保电视、微波炉等电器紧挨墙壁。

✓ 知道器具的紧急开关位置。

✓ 和所有家人练习"伏地、遮挡、手抓牢"。

✓ 在家中、工作地和学校各个房间（家具下方或远离窗户的高墙下）挑选安全区域。

灾中

◆ 双手和膝盖伏地。

◆ 用手臂遮挡头和脖颈。

◆ 尽快爬到坚固桌子下。

◆ 如果附近没有坚固的遮挡物处，爬到内墙旁边，远离玻璃以及其他可能坠落的东西。

◆ **抓牢坚固的遮挡物**，直到地震停止。

◆ 如果在床上，不要动，待在床上，用枕头护住头。

◆ 留在室内，直到地震停止。

◆ 如果闻到煤气味，尽快离开并尽可能远离房屋。

◆ 如果在室外，找一处空地，远离建筑、树木和电线的空旷处，伏地待好。

◆ 如果在车里，放慢速度，把车开到一个安全区域，远离桥梁、天桥和电线。躲在车里，系好安全带。

◆ 如果被困在废墟下，用衣服掩住口鼻，敲击管道或墙面，以便救援人员定位，如果救援人员没有听到，再大声呼救，作为最后的获救手段。

伏地！

遮挡！

手抓牢！

灾前

- ✓ 接受消防安全培训。
- ✓ 把防火毯、灭火器/水和沙子放在手边！

  ！不能用水扑灭油火。
- ✓ 学习使用应对不同火灾的各种灭火器：有的灭火器含有清水，有的灭火器成分包含泡沫、干粉、二氧化碳或潮湿的化学用品。
- ✓ 安装家用烟雾报警器并定期检查。
- ✓ 保持门口、走廊和过道畅通。
- ✓ 确保所有电器和电线状态良好。电源插座不要过载。电器出现故障可能会导致火灾。注意热源（如暖气、炊具、香烟、打火机和火柴）可能引起火灾。
- ✓ 确认预先规划的逃生路线。
- ✓ 确认预先规划的安全集中点。
- ✓ 确保存储国家应急电话、当地消防部门电话号码或公园服务电话号码，如果发现无人看管或失控的火灾，请联系他们。
- ✓ 切勿点火后不闻不问，保证离开露营地前用水搅拌灰烬至冷却。
- ✓ 避免进行废物焚烧。

准备或购买急救箱

了解消防安全

制定你的逃生路线

使房屋能够抵御火灾

灾中

如果你恰好在野火附近：

- ◆ 尽量立即撤离。但如果不能撤离，要找一个池塘或河流，并躲进去等待。
- ◆ 如果附近没有水源，请寻找植被少的低洼区域或岩石床，躺在地面上，并用潮湿的衣物、毯子或土壤盖住身体。
- ◆ 保持低位，等待火灾结束。
- ◆ 紧贴地面呼吸，减少吸入烟尘。
- ◆ 如果在开车，摇起车窗并关闭通风口。打开前照灯慢慢行驶。

如果家里发生火灾：

◆ 尽量不要恐慌并告知家中所有人。

◆ 使用预先规划的逃生路线，尽快让所有人离开建筑物。

◆ 拨打国家应急电话并请求消防救援服务。

◆ 烟雾向上方飘散，所以要保持低位或者在地板上匍匐前进，这样更易于呼吸新鲜空气。

◆ 如果可以，把着火的房门关闭，并在离开途中关闭身后每一扇门（以延缓火势和烟雾蔓延的速度）。

◆ 打开紧闭的门之前，先用手背感受门的温度，如果感觉过热就不要开门，这是由门口有火造成的。

不要回到建筑物内部：

◆ 找到预先规划的安全地点，远离建筑，等待消防救援。

◆ 如果有人尚在室内，告诉消防员并提供详细信息。

◆ 不要返回火灾发生地，如果返回，不仅会妨碍消防工作，也会危害生命！

如果衣服着火：

◆ 待在原地。

◆ 伏地。

◆ 在地板上缓慢打滚，如果可能，在地毯上打滚，直到火焰熄灭。

◆ 如果可以，结合以上三步，使用灭火器扑灭火灾。

◆ 出现一至二级烧伤时，尽快用水进行冷却处理。

1 不要动！

2 伏地！

3 打滚！

灾前

- ✓ 了解所在地区的海啸风险。
- ✓ 找工程师检查房屋，并就如何使其更具有御灾力提出建议。
- ✓ 注意警告信号：
  - 地震；
  - 来自海洋的巨大轰鸣声；
  - 不寻常的海洋变化。

灾中

- ◆ 在地震中保护自己：伏地、遮挡、手抓牢。

- ◆ 听从疏散指示，尽快离开。
- ◆ 请前往高处、尽可能远地向内陆转移。最好到达海拔100英尺或距离海洋2英里的地方。
- ◆ 远离海滩。
- ◆ 千万不要下水观看海啸来袭。
- ◆ 远离掉落的电线、建筑物和桥梁。
- ◆ 如果你在水里，抓住漂浮物，如木筏、树干等。
- ◆ 如果在船上，面朝海浪的方向行驶。

去往高地！
地震是海啸的前兆

待在那里！
几小时后海啸就可能来袭

洪水

灾前

- ✓ 查看当地的防洪防汛计划或高风险地区的详细信息。
- ✓ 向当地权威部门询问应急逃生路线及疏散中心。
- ✓ 做好房屋防水工作。
- ✓ 卷起地毯，将家具、电子产品和贵重物品移至高处。
- ✓ 将个人文件、贵重物品和重要的医疗用品放入防水箱。

灾中

- ◆ 在马桶和各排水孔处放好沙袋。
- ◆ 请移步至高处。
- ◆ 如果你居家避灾，如果水位不断上涨，一定要确保有逃生路线。
- ◆ 如果你外出避灾，锁好房门，切断电源和煤气，通过所在地推荐路线逃生。
- ◆ 避免徒步或驾车在洪水中穿行。
- ◆ 远离高压电线和普通电线。

攀爬到安全地带

干旱

灾前

- ✓ 让节水措施成为日常生活的一部分。
- ✓ 修理和改造管道以减少水泄漏。
- ✓ 修理不停滴水的水龙头。
- ✓ 如果你自己种植作物，重新制订种植计划：
  - • 种植本地耐旱的草、植物（作物）和树木；
  - • 在春季或秋季种植，因为降雨较多，灌溉需求可能较低，但是要根据你的地理位置情况进行调整。

灾中

- ◆ 节约可再次利用的水。
- ◆ 缩短淋浴时间，减少洗澡次数。
- ◆ 下雨时尽量多收集雨水。
- ◆ 如果你自己种植作物，就应该更明智地制订你的种植计划：
  - • 遮盖土壤或植物的根；
  - • 采用滴灌方式浇灌植物和树木。
- ◆ 注意所在地区可能限制用水。
- ◆ 注意发生野火的风险。

雪崩

灾前

✓ 注意雪崩的高风险预警标志：
- 近期的雪崩
- 积雪发出的噼啪声、阻塞声或呼啸声
- 过去24小时内大雪
- 强风
- 升温

✓ 设置实时雪崩警报提醒。

✓ 学习如何正确使用雪崩安全设备。

✓ 远离（30°~45°）陡坡。

灾中

◆ 如果雪崩从你脚下开始，试着跳到上坡或者跳到断裂线以上的坚固地面。

◆ 当你看到雪崩朝着你的方向移动，试着跑离它的路径。

◆ 抓住一些结实的东西，例如树枝或岩石。

◆ 匍匐到雪崩的顶端。

◆ 尽量把一只手举过头顶。

◆ 一旦你停止运动，用双手捂住嘴，留出一小块呼吸空间。

◆ 吸入空气充填肺部。

◆ 吐口水，注意口水受到重力而喷射的方向并朝着反方向挖掘。

山体滑坡

灾前

- ✓ 熟悉你周围的土地，了解其风险以及当地是否曾发生山体滑坡。
- ✓ 遵循正确的土地使用程序，避免进行可能增加土壤不稳定性的工作。
- ✓ 避免在陡坡、山边、排水沟附近或在受到自然侵蚀的山谷边缘建造房屋。
- ✓ 观察附近山坡上的雨水排放模式。
- ✓ 向当地权威部门报告任何异常情况，如地块出现裂缝、斜坡上出现凸起或凹陷、岩石滑坡或异常的渗水。
- ✓ 在斜坡上种植地面覆盖物，并尽可能建造挡土墙，以保护财产。
- ✓ 收听当地新闻台的强降雨预警。
- ✓ 在狂风暴雨中，保持警觉和清醒。
- ✓ 聆听异常的声音，它们可能表明有碎片正在移动，例如树木开裂或巨石碰撞的声音。

灾中

- ◆ 如果你怀疑危险迫在眉睫，立即撤离。
- ◆ 设法通知受影响的邻居和公共工程、消防或警察部门。
- ◆ 尽快远离山体滑坡的路径。
- ◆ 远离河谷和低洼地带。
- ◆ 过桥前先观察上游情况，如有泥石流逼近则要停止过桥。
- ◆ 如果在溪流、河道附近，留意突然增加或减少的水流，并注意水质是否由清澈转为浑浊。
- ◆ 如果无法逃脱，尽量像球一样紧缩，并用手和手臂保护头部。
- ◆ 如果在室内，转移到滑坡对面的位置，躲在坚固的家具下，并牢牢抓住固定物体，直到全部滑坡结束。

热带风暴飓风/台风/旋风

灾前

- ✓ 如果你居住在有热带风暴风险的沿海地区，请定位安全避难所并确定前往避难所的路线。
- ✓ 注意天气情况。
- ✓ 时刻了解当地灾难警报、预警和公共安全信息。
- ✓ 如果你身处热带风暴危险地区，通过以下方式加强家庭保护：
  - 用临时胶合板或其他类型黏合材料封闭窗户和其他开口。
  - 将室外物品转移到室内。将车辆、工具、家具和其他设备存放在地下室。
  - 用带子或夹子加固房顶。
- ✓ 确保房屋附近没有潜在碎片或电线、古老的大树等高空坠物。

灾中

- ◆ 在坚固的建筑物或房间内寻找避难处，如果可能，选择没有窗户的地方避难。
- ◆ 避免开车或者外出。
- ◆ 如果建议立即撤离，请做好准备。
- ◆ 出现以下情况一定要撤离：
  - 你位于一个临时的或可移动的建筑里。
  - 处于临时或可移动的建筑中。
  - 你居住在高层建筑里，那里的风力要大得多。
  - 位于海岸线、河流或溪流等大片水域附近。
  - 位于有洪水风险的低洼处。
- ◆ 记住沉寂期（一段平静的时期）通常表明风暴的中心，而非风暴的终结。等待当地权威部门宣布危险结束后再外出。

飓风
疏散
路线

火山爆发

灾前

- ✓ 尽量远离活火山。
- ✓ 如果你居住的地方离活火山比较近，要了解你所在地区火山爆发的风险，并备好护目镜和口罩。
- ✓ 了解撤离路线。

灾中

- ◆ 收听当地电台以了解最新应急信息和指示。
- ◆ 根据当地权威部门建议进行撤离，以避免熔岩、泥石流、飞石及碎石。
- ◆ 如果不想离开，请关闭门窗、堵住烟囱和其他通风口以防止灰烬进入房间。如果可能，把屋顶上可能造成重压的灰尘扫掉。
- ◆ 换上长衣长裤。
- ◆ 如果要离开房屋，请佩戴护目镜或眼镜，但不要戴隐形眼镜，并戴上应急口罩或用湿布捂住脸。
- ◆ 避开火山下游的河域、低洼地区，以及与火山爆发方向相同的地区。
- ◆ 如果你所在的地方没有火山爆发的风险，请待在原地。
- ◆ 不要开车，因为火灾爆发的灰尘会损坏车辆引擎和金属部件，如果一定要开车，请把车速保持在每小时35英里（56公里）以下。

本挑战徽章手册是与以下组织合作开发的，已得到支持：

联合国粮食及农业组织（FAO）

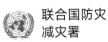
联合国粮食
及农业组织

联合国粮食及农业组织领导国际社会努力提高全球农业绩效，同时促进粮食生产用水的可持续性。粮农组织为发达国家和发展中国家提供服务，它是一个中立的论坛，所有国家在这里平等地进行协议和政策谈判。粮农组织也是一个知识和信息的来源，帮助各国实现土地和水资源管理相关农业政策的现代化和改进工作。

www.fao.org/policy-support/policy-themes/disaster-risk-reduction-africulture/en

联合国防灾减灾署（UNDRR）

联合国防灾
减灾署

成立于1999年，是一个专门的秘书处，以促进国际减少灾害战略（ISDR）的实施。联合国大会第56/195号决议授权它作为联合国系统的协调中心，协调联合国系统和区域组织的减灾活动以及社会经济和人道主义领域的活动。它是联合国秘书处的一个组织单位，由负责减轻灾害风险的联合国秘书长特别代表（SRSG）领导。

www.unisdr.org

世界女童军协会（WAGGGS）

世界女童
军协会

世界女童军协会代表来自150个国家的1 000万名女孩，是世界上规模最大的致力于增强女孩和青年妇女权能的志愿运动。100多年来，世界女童军协会为女孩提供了安全的场所，让她们以自己的节奏并在当地进行学习。

www.wagggs.org

世界童子军运动组织（WOSM）

SCOUTS
Creating a Better World

童 子 军

世界童子军运动组织是一个独立的、世界性的、非营利无党派组织，为童子军运动服务。它的目的是促进团结，加强对童子军的目的和原则的理解，同时促进其发展。

www.scout.org

图书在版编目（CIP）数据

减轻灾害风险挑战徽章训练手册 ／ 联合国粮食及农业组织编著；高战荣等译．—北京：中国农业出版社，2022.12

（FAO中文出版计划项目丛书．青年与联合国全球联盟学习和行动系列）

ISBN 978-7-109-30335-5

Ⅰ.①减… Ⅱ.①联… ②高… Ⅲ.①灾害防治—青少年读物 Ⅳ.①X4-49

中国国家版本馆CIP数据核字（2023）第002600号

著作权合同登记号：图字01-2022-3768号

减轻灾害风险挑战徽章训练手册
JIANQING ZAIHAI FENGXIAN TIAOZHAN HUIZHANG XUNLIAN SHOUCE

中国农业出版社出版
地址：北京市朝阳区麦子店街18号楼
邮编：100125
责任编辑：郑　君
责任设计：王　晨　　责任校对：吴丽婷
印刷：北京通州皇家印刷厂
版次：2022年12月第1版
印次：2022年12月北京第1次印刷
发行：新华书店北京发行所
开本：700mm×1000mm　1/16
印张：13.25
字数：260千字
总定价：150.00元（全2册）